RELIÉ PAR
BARAST
36 R. DES PETITS CHAMPS
PARIS

AF475200

7869

L'OUEST DE L'ALGÉRIE

# RÉSEAUX EXPLOITÉS
PAR LA COMPAGNIE DE
# L'OUEST-ALGÉRIEN

Texte et dessins de Charles Lallemand

LIGNES
DE L'OUEST-ALGÉRIEN & DE LA Cie FRANCO-ALGÉRIENNE

PARIS
CHALLAMEL ET Cie, ÉDITEURS
5, RUE JACOB, 5

1891

# L'OUEST DE L'ALGÉRIE

8
Lk
1546

L'OUEST DE L'ALGÉRIE

# RÉSEAUX EXPLOITÉS
PAR LA COMPAGNIE DE
# L'OUEST-ALGÉRIEN

LIGNES
DE L'OUEST-ALGÉRIEN & DE LA Cie FRANCO-ALGÉRIENNE

Texte et dessins de Ch. Lallemand.

Rue des Orfèvres et Minaret d'Abou-el-Hassen (Tlemcen).

BIBLIOTHÈQUE NATIONALE

DÉPÔT LÉGAL
Seine
91-4658
1891

PARIS
CHALLAMEL ET Cie, ÉDITEURS
5, RUE JACOB, 5

1891

LA PORTE DU MARABOUT DE SIDI-BOU-MÉDINE.

BIBLIOTHÈQUE NATIONALE R.F.

*Les lignes de l'***Ouest-Algérien** *et celles de la* **Franco-Algérienne**, *actuellement exploitées par la Compagnie de l'Ouest-Algérien, offrent aux touristes les moyens de connaître, dans son ensemble, la Province d'Oran, si riche et si pittoresque.*

*Cette exploitation comprend, dans son ensemble, les lignes suivantes :*

*D'*Oran *à* Aïn-Temouchent, *75 kil. 5* (O. A.).

*D'*Oran *à* Tlemcen, *avec embranchement à Tabia sur* Raz-el-Mâ, *138 kil. 5 et 151 kil.* 6 (O. A.).

*D'*Arzeu *à* Aïn-Sefra, *454 kil.* (F. A.).

*De* Mostaganem *à* Tiaret, *197 kil.* (F. A.).

*Nous y ajouterons le petit parcours en diligence d'*Oran *à* Arzeu, *42 kil.*

*Chacune de ces excursions fera l'objet d'un chapitre.*

*En outre, comme la Compagnie de l'Ouest-Algérien a entrepris la construction de la ligne de* **Blidah** *à* **Berrouaghia**, *dans le département d'Alger. Nous ajouterons à ce volume la description de cette voie nouvelle.*

*Le chemin de fer de* **Blidah** *à* **Berrouaghia** *vient d'entrer en exploitation sur une longueur de* quarante-cinq *kilomètres.*

L'ÉDITEUR.

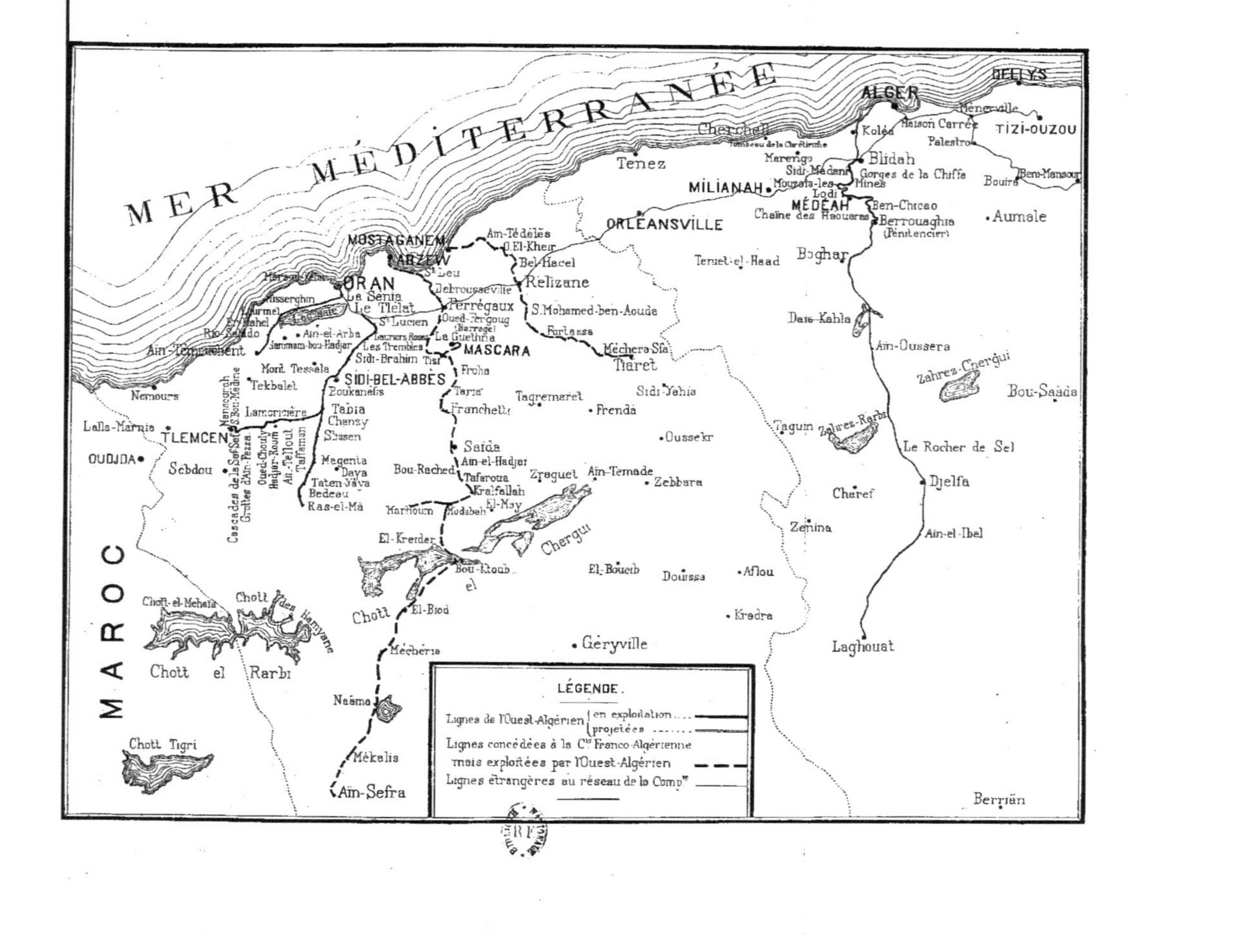

MER MÉDITERRANÉE
MAROC
ALGER
DELLYS
TIZI-OUZOU
Ménerville
Maison Carrée
Palestro
Koléa
Blidah
Cherchell
Tombeau de la Chrétienne
Marengo
Sidi-Médani
Gorges de la Chiffa
Mouzaïa-les-Mines
Lodi
MÉDÉAH
Ben-Chicao
Berrouaghia
(Pénitencier)
Bouira
Beni-Mansour
Aumale
Tenez
MILIANAH
ORLÉANSVILLE
Chaîne des Haouaras
Teniet-el-Haad
Boghar
MOSTAGANEM
ARZEW
ORAN
La Sénia
Le Tlélat
St Lucien
Misserghin
Rio-Salado
Aïn-Temouchent
Aïn-el-Arba
Hammam-bou-Hadjar
Les Trembles
Sidi-Brahim
Aïn-Tédélès
Relizane
Bel-Hacel
Perrégaux
Debrousseville
St Leu
S. Mohamed-ben-Aouda
Oued-Fergoug
(Barrage)
La Guethna
MASCARA
Fortassa
Méchera-Sfa
Tiaret
Froha
Nemours
Mont Tessala
Tekbalet
SIDI-BEL-ABBÈS
Boukanéfis
Lalla-Marnia
TLEMCEN
Lamoricière
Tabia
Chanzy
Sfissen
OUDJDA
Sebdou
Cascades de la Sef Sef
Grottes d'Aïn-Fezza
Mansourah
S. Bou-Médine
Oued-Chouly
Hadjer-Roum
Aïn-Tellout
Taffaman
Magenta
Daya
Taten-Yaya
Bedeau
Ras-el-Mâ
Tagremaret
Frenda
Sidi-Yahia
Franchetti
Saïda
Aïn-el-Hadjar
Bou-Rached
Taferoua
Kralfallah
El-May
Marhoum
Modzbah
Zraguet
Aïn-Temade
Zebbara
Oussekr
Dar-Kahla
Aïn-Oussera
Zahrez-Chergui
Zahrez-Rarbi
Taguin
Bou-Saada
Le Rocher de Sel
Djelfa
Charef
Zenina
Aïn-el-Ibel
El-Kreider
Chergui
Bou-Ktoub
Chott el
El-Biod
El-Boueïb
Douissa
Aflou
Kredra
Géryville
Laghouat
Chott-el-Mehaïa
Chott des Hamyane
Chott el Rarbi
Mécheria
Naâma
Chott Tigri
Mékalis
Aïn-Sefra
Berriân
LÉGENDE.
Lignes de l'Ouest-Algérien { en exploitation / projetées
Lignes concédées à la Cie Franco-Algérienne mais exploitées par l'Ouest-Algérien
Lignes étrangères au réseau de la Compie

L'Hôtel-de-Ville, à Oran.

## L'ARRIVÉE A ORAN

Les moyens ne manquent pas pour atteindre la province d'Oran. On y peut parvenir :

— Par mer : de Marseille, les samedis (C. G. T.), quarante-cinq heures, direct ; de Port-Vendres, avec escale à Carthagène (C. G. T.), les mercredis, 54 heures ; d'Alger, les vendredis (C. G. T.), avec escales à Mostaganem et Arzeu ; d'Alger, les mercredis (C. N. M.), avec escales à Tenès et Mostaganem.

— Par terre : d'Alger, chemin de fer P. L. M. en 12 heures (dining-car), 47 fr. 15, 35 fr. 35, 25 fr. 95.

Par terre et mer : par les chemins de fer d'Espagne, dont le grand réseau aboutit à Carthagène.

La traversée est alors réduite à 10 heures pour ceux qui redoutent le mal de mer.

Vous voilà donc arrivé à Oran par un de ces moyens de locomotion. Que ce soit du quai du port ou du chemin de fer, faites-vous conduire sans hésiter à l'Hôtel Continental. Vous serez agréablement surpris, car cet hôtel est aussi beau et aussi bien installé que les plus grands hôtels d'Europe. Chambres superbes, table parfaite, hall central agréable et service excellent. On ne s'attend guère trouver un confortable pareil sur la terre africaine.

Aussitôt le voyageur prend possession de sa chambre, avec vue magnifique si elle donne du côté de la mer : avec le spectacle d'une animation extraordinaire si elle donne du côté de la place, du boulevard, ou du Cercle militaire. Au bas de l'hôtel, il y a un grand café avec une vérandah sous laquelle il fait bon s'asseoir pour voir passer la foule affairée, les militaires, les arabes et les innombrables charrettes attelées de mules richement caparaçonnées, dont le nombre est proportionné à celui des tonneaux qui composent le chargement du haquet.

L'Hôtel Continental, à Oran.

## ORAN

Ce petit volume, qui n'est point un « Guide » dans le sens que l'on attache ordinairement à ce mot, n'en a pas moins la prétention de guider ceux qui voyageront à travers les belles et intéressantes contrées desservies par le réseau des chemins de fer de l'Ouest de l'Algérie. Il vous apprendra tout d'abord, très brièvement, les vicissitudes historiques subies par la ville florissante dans laquelle vous vous trouvez.

Peu de villes, en effet, ont eu des commencements aussi tourmentés, aussi pénibles. Fondée en 903 par des Arabes et des marins andalous, Oran fut brûlée et saccagée dès 910. Rebâtie aussitôt, elle fut prise et dépeuplée en 955, et à peu près abandonnée jusqu'en 1001. Rebâtie, la malheureuse ville fut de nouveau prise d'assaut en 1082. Des Almoravides elle passa aux Almohades, puis aux Mérinides, qui furent à leur tour passés au fil de l'épée. En moins d'un demi-siècle elle changea de maître neuf fois! Un moment même, en 1437, elle fut la vassale du royaume de Tunis.

Finalement cependant, Oran connut, sous les Beni-Zeiyan de Tlemcen, une ère de prospérité et de splendeur, à laquelle l'arrivée des Espagnols mit un terme le 11 septembre 1505. Mais les nouveaux conquérants ne se maintinrent à Oran qu'à l'état d'assiégés. Ils prolongèrent ainsi une occupation pénible et sans issue jusqu'en 1708, époque à laquelle la ville dût capituler entre les mains du Bey d'Oran. Délivrée de ses préoccupations par le traité d'Utrecht, l'Espagne envoya 25,000 hommes qui reprirent possession de la ville le 1er juillet 1732. Mais, comme précédemment, les Espagnols ne surent pas sortir de la triste situation d'assiégés perpétuels.

Le terrible tremblement de terre de la nuit du 8 au 9 octobre 1790, qui ruina tous les édifices et fit périr le tiers de la garnison, les réduisit à une abominable détresse. Le Bey de Mascara voulut profiter de cet affaiblissement pour jeter les chrétiens à la mer. Grâce à quelques renforts envoyés de Carthagène, de Majorque et de Cordoue, les survivants de la catastrophe purent héroïquement défendre les ruines de la place contre 30,000 Arabes et, ce, pendant huit mois. Vers le mois d'août 1791, le gouvernement espagnol entama des négociations avec le Dey d'Alger, qui ordonna au Bey de Mascara de suspendre l'investissement d'Oran. Les Espagnols profitèrent de cette trève pour capituler honorablement. Les troupes, et les habitants chrétiens furent transportés à Carthagène et Mohammed, Bey de Mascara, fit son entrée dans la ville au commencement de mars 1792. C'en était fait de l'occupation espagnole,

Le Minaret de la Grande Mosquée d'Oran, vu de la rue Philippe.

après deux cent cinquante ans de luttes héroïques, mais stériles.

Livrée aux Turcs, Oran fut le théâtre d'intrigues incessantes et de crimes qui amenèrent tout un défilé de beys. Généralement, les impôts n'étaient perçus qu'après de sanglantes luttes entre les contribuables et les bandes fiscales. Hassen, l'un des trente-trois beys qui se succédèrent en moins d'un demi-siècle, eut à combattre les Arabes commandés par le propre père d'Abd-el-Kader. Sa situation était du reste si compromise, qu'il sollicita la protection de la France. Nos troupes entrèrent à Oran le 4 janvier 1831. Dans l'appréhension d'une guerre continentale, le maréchal Clauzel afferma le pays à un Tunisien : mais le gouvernement n'ayant pas approuvé cet acte, Oran fut de nouveau et définivement occupée par les Français, le 17 août 1831.

Telle est, en aussi peu de lignes que possible, l'histoire de la capitale de cette magnifique province, depuis sa fondation jusqu'à nos jours. Sous la domination française, Oran est devenue une belle et florissante ville, qui prend rang parmi les plus grands ports de la France, et qui ne le cède pour la vie, pour l'activité et pour les tendances modernes, à aucune ville de la mère patrie. Oran n'est pas, comme d'autres villes d'Afrique, une ville de plaisirs; c'est surtout une ville d'affaires et d'affairés. A ce point, qu'un théâtre ne peut guère y faire fortune. Ici le pain prime le cirque. Les maisons sortent de terre comme par enchantement; des vallées sont comblées et l'on trouve des quartiers entiers là où il y avait des ravins; le port, toujours encombré, a été agrandi; et voici qu'il faudra sans doute l'agrandir. De toutes parts les voies ferrées y apportent les produits de la riche province; les céréales, les halfas et les vins encombrent ses quais : on y voit un perpétuel va-et-vient de navires.

Porte d'entrée de la Grande Mosquée d'Oran, rue Philippe.

La vieille ville était confinée entre la montagne, la mer et le profond ravin de l'oued Rehhi. C'était bien peu! Aussi l'enceinte actuelle renferme-t-elle pour le moins trois fois la superficie du vieil Oran. Quatre quartiers, Karguentah, Saint-Antoine, Saint-Michel et le Village Nègre, ne forment aujourd'hui avec l'ancienne ville qu'une seule et même cité.

Le chemin de fer pénètre dans la nouvelle enceinte par l'angle Sud-Est et en ressort par le front Est, pour former un grand lacet qui permet à la voie de descendre jusqu'aux quais du port.

Jadis Oran n'avait que la petite darse de 4 hectares que l'on voit encore au fond du nouveau port, dont la surface est de 24 hectares. La richesse de la province qui écoule par là la plus grande partie de ses produits, la proximité des côtes d'Espagne, l'arrivée du grand réseau espagnol à Carthagène, ont fait du port d'Oran un port de premier ordre. Et, là où il n'y avait jadis qu'une bourgade de pêcheurs, on voit aujourd'hui une ville maritime considérable, servie par des quais et des docks immenses, où sont réunis une douane, une manutention, des hangars, des ateliers pour la marine, l'artillerie et le train, des hôtels, des maisons de commerce, de vastes entrepôts, etc.

Une promenade charmante, la promenade de l'Etang, domine le port.

L'on peut visiter les anciens remparts, la *Cathédrale* (bâtie sur l'emplacement d'une mosquée après la prise d'Oran par Ximénès) et le Château neuf. Ce sont les plus remarquables vestiges de la domination espagnole.

La grande mosquée — *Djamâ-el-Bacha* — est située dans la rue Philippe. Elle est assez curieuse. Son minaret est fort beau. Un autre minaret, non moins remarquable, est celui de la mosquée El-Hâouri, dont une partie est affectée au service du campement.

Les édifices civils les plus beaux sont l'Hôtel-de-Ville et la Préfecture, de construction récente.

La nouvelle ville est percée de rues droites et bien aérées.

Du chemin de fer on entre dans la rue de la Gare, qui mène au boulevard Séguin, la principale artère d'Oran. Ce boulevard aboutit à la place de l'Hôtel-de-Ville transformée en square. L'Hôtel Continental est à l'extrémité du boulevard à droite, sur le bord du ravin. Dans l'axe du boulevard le Cercle militaire, et plus loin la rue Philippe, très en pente, pittoresque, par laquelle on descend rapidement vers la ville maritime. Le quartier juif et maure, très curieux, est à l'Ouest de la place. C'est là qu'il faut chercher les dernières maisons d'indigènes.

Un assez grand nombre de forts entourent la ville d'Oran. Le plus curieux, celui qui frappe tout d'abord les regards est celui de Santa-Cruz, qui couronne le sommet du pic d'Aïdour

Après avoir visité une ville, il convient, avant d'aller plus loin, d'en parcourir les environs immédiats.

Voici les points qui méritent l'attention des voyageurs aux alentours d'Oran :

Le **Ravin Vert** *(oued Rehhi)*, promenade à pied, 3 kil. — L'*oued Rehhi*, rivière des moulins, limitait la ville ancienne à l'Est. Elle passe aujourd'hui sous le boulevard Malakoff et alimente les moulins en sous-sol des maisons. La promenade du Ravin Vert n'est donc que la continuation du boulevard Malakoff. C'est une vallée de fleurs et d'arbres fruitiers, avec pas mal de guinguettes et de jardins à la clé.

**Santa-Cruz.** — Une ascension d'une heure à pied, 3 kil. Sur la route, le fort Saint-Grégoire et une chapelle votive construite à la suite du choléra de 1849. De ce point l'on voit toute la contrée à vol d'oiseau.

A un demi-kilomètre plus haut vous atteignez le point culminant du *Moudjardjo*, qui domine le ravin d'Oran et que l'on voit de toutes parts. Il commande aussi la rade de Mers-el-Kébir. C'est un petit plateau couvert de broussailles, à 580 mètres d'altitude. Dans les jours très clairs on peut apercevoir les côtes d'Espagne.

Une des promenades favorites est le **Camp des Planteurs**, à 2 kil., en obliquant à gauche au pied du Moudjardjo. En 20 minutes on se trouve dans un massif de pins d'Alep, percé de jolies allées.

La promenade par excellence est celle de **Mers-el-Kébir.** Elle est de 8 kil. On y va en voiture (3 fr. aller et retour et 1 h. d'arrêt) et en omnibus deux fois par jour (50 cent.).

La route, en corniche, passe sous un petit tunnel, laisse à droite, à 3 kil., le *Bain de la Reine*, curieuse station thermale, avec hôtel et café, tout au bord de la mer. Elle doit son nom aux fréquentes visites de Jeanne, fille d'Isabelle la Catholique.

Mers-el-Kébir, le grand port, était le *Portus Divinus* des Romains.

La petite ville est pittoresquement accrochée à la pointe du rocher. Le port est admirable; mais la construction du port d'Oran lui a fait perdre toute son importance commerciale. Il est réservé à la marine de guerre. La forteresse qui le domine s'élève sur une pointe de rocher qui s'avance dans la baie. En somme, très belle promenade. Si le temps manque au voyageur, qu'il fasse au moins cette promenade-là.

Un Café maure, à Aïn-Temouchent.

I

## D'ORAN A AIN-TEMOUCHENT

La ligne (de 75 kil. 5) emprunte la voie de P.-L.-M. sur 5 kil. 5, jusqu'à la **Sénia.** C'est là que les trains passent sur les rails de l'Ouest-Algérien. La Sénia a une importance commerciale particulière pour cette Compagnie. C'est là qu'elle débarque les nombreux moutons qu'elle apporte des hauts-plateaux de Tlemcen, ou qui lui viennent même du Maroc. De là Sénia, les troupeaux sont conduits par terre à Oran et font, dans ce parcours à travers des prés salés qui entourent cette gare, leur dernier repas avant l'embarquement pour France.

2.

De la Sénia la voie tourne brusquement dans la direction du Sud-Ouest, et s'engage, en cotoyant le Grand Lac Salé, sur la bande de terre comprise entre ce lac et la mer. Elle dessert sur sa droite une contrée d'une grande richesse. A gauche même, ainsi qu'on peut le constater, les cultures gagnent sans cesse du terrain sur le Lac.

La première station à venir est **Misserghin** (19 kil. 3). Misserghin vaut que l'on s'y arrête. La marche des trains permet d'y séjourner de sept heures et demie du matin à cinq heures du soir.

Les Beys d'Oran y avaient une habitation de plaisance noyée dans la verdure, entourée d'orangers, de citronniers et de myrthes.

L'on voit sourdre l'eau de tous côtés dans le ravin de Misserghin. A elles seules, les trois principales sources fournissent plus de 50 litres d'eau à la seconde, et permettent d'irriguer de vastes plantations et de superbes jardins maraîchers.

Une colonie militaire, établie aussitôt après l'occupation, y créa une pépinière. En 1851 cette pépinière comprise dans un domaine de 50 hectares, fut cédée à M. l'abbé Abram, qui, en retour de cette concession, y établit un orphelinat et un asile de vieillards. Aujourd'hui, tout autour de ce magnifique domaine, qui peut passer pour un modèle de grande culture, s'élève une jolie petite ville, chef-lieu d'une commune de près de 4,456 habitants. On ne saurait se faire une idée de la beauté des arbres dans ce coin béni.

**Brédéah**, la station suivante (30 kil. 8), n'a de

remarquable que ses importantes sources, captées pour l'usage de la ville d'Oran.

**Bou-Tlelis,** qui vient ensuite (34 kil. 9), tire son nom d'un marabout célèbre, « l'homme au petit sac ». Il se nommait Ali. Le sultan ayant envoyé réquisitionner de l'orge chez lui, le saint s'achemina vers la tente du grand seigneur, suivi d'un lion qui portait sur son dos un tout petit sac contenant de l'orge. A cette vue le sultan entre en grande colère. Le marabout prit alors le petit sac, et il en fit tomber des monceaux d'orge. Le petit sac était inépuisable comme la bouteille de Robert Houdin.

Bou-Tlelis compte 3,379 habitants, dont beaucoup d'Alsaciens. Le village est bâti au pied d'une montagne boisée, la forêt de Msila.

**Lourmel** est à 46 kil. 5. Cette commune, de 4,004 habitants, n'est pas moins prospère que Bou-Tlelis. Elle est la dernière riveraine du Lac Salé. Ce grand lac, qui finit à peu près à la hauteur de Lourmel, a 53 kil. dans sa longueur. S'il était desséché, il pourrait donner 35,000 hectares de terre à la culture.

La station d'**Er-Rahel** (55 kil.) est déjà un peu éloignée du lac. Er-Rahel est à la pointe occidentale de la fertile plaine de la Mleta, qui s'étend au Sud du Lac Salé jusqu'au Rio-Salado. Cette plaine est habitée par les Douairs et les Smelas, les alliés de la France de la première heure (1835). Au Sud de la plaine de la Mleta, se trouvent le grand marché d'Aïn-el-Arba, dont les produits affluent en telle abondance, qu'il a fallu augmenter considérablement la gare d'Er-Rahel.

Er-Rahel est aussi la gare à laquelle on s'arrête pour aller à la station thermale de **Hammam-bou-Hadjar**, connue des Romains. Il y a deux hôtels à Hammam-bou-Hadjar, qui mérite qu'on le visite. Le génie militaire y a construit des piscines à côté du bassin construit par les indigènes pour les eaux salines, qui marquent 55°. C'est un chef-lieu de commune de 3,792 habitants. A 1 kil. de là, se trouvent des eaux sulfureuses à 90° recueillies dans deux bassins. Hammam-bou-Hadjar est à 15 kil. d'Er-Rahel, à 8 kil. de Mleta et à 14 kil. d'Aïn-Témouchent.

**Rio-Salado** (62 kil. 8) prend son nom d'un petit fleuve aux eaux saumâtres. Les Arabes l'appellent en conséquence Oued-el-Melah et les Romains l'appelaient *Flumen Salsum*.

Rio-Salado compte 3,765 habitants.

En remontant le cours du Salado on rencontre également Hammam-bou-Hadjar.

La voie du chemin de fer laisse ensuite à droite un ravin couvert de broussailles qui fut le théâtre d'un horrible carnage. Ce qui l'a fait appeler par les Arabes *Chabet-el-Lahm* : le défilé de la chair. Un corps d'Espagnols allant secourir Tlemcen y fut massacré en 1543. Treize hommes seulement purent échapper, et raconter à Oran l'horrible boucherie.

Le village de *Chabet-el-Lahm* est peuplé de vignerons français.

Gare d'Aïn-Temouchent.

**Aïn-Temouchent,** terminus actuel de la ligne (75 kil. 5), s'élève à la place du *Safar* des Romains.

Pour y arriver le chemin de fer s'élève à l'altitude de 238 mètres.

La ville est située sur un promontoire borné par le confluent de l'oued Témouchent et de l'oued Sénan. C'est à l'extrémité de ce promontoire que se trouvait la redoute dont la défense héroïque est relatée sur une plaque de marbre posée sur la façade d'une maison située à l'extrémité des rues du Rempart et du Commerce. Voici l'inscription :

« Cette maison a été construite sur l'emplacement « de l'ancienne redoute, défendue du 28 septembre « au 5 octobre 1845, contre 1,500 Arabes commandés

« par Abd-el-Kader. Le capitaine des zouaves Safrané, « commandant supérieur, ayant sous ses ordres « 65 hommes du 15^e^ léger et 14 civils requis par lui. « Les ressources étaient de 60 cartouches par homme

Hôtel-de-Ville d'Aïn-Temouchent.

« et une charrue, braquée sur l'ennemi, figurait l'ar- « tillerie ».

Aïn-Temouchent était naguère une bourgade. C'est aujourd'hui une petite ville bien vivante et en pleine prospérité. C'est un centre agricole de premier ordre. Les vignobles qui l'entourent sont magnifiques. A l'époque de l'expédition des vins, il n'est pas rare de voir venir à la Compagnie de l'Ouest-Algérien, de très grandes demandes de vagons pour porter le vin à Oran.

Aujourd'hui, Aïn-Temouchent compte plus de 5,038 habitants. Ceux qui l'ont vu lors de la Caravane parlementaire de 1887, ne s'y reconnaîtraient plus. Une large et belle avenue plantée d'arbres conduit à la ville et forme, en la traversant, son artère principale.

A très peu de distance de la gare, et dans l'axe de la voie, on rencontre le vallon au fond duquel coule l'oued Sénan, arrosant de beaux arbres fruitiers.

A 6 kil. au Nord-Ouest de Temouchent, se trouve un centre agricole tout nouveau et déjà prospère, formé par des immigrants venus des Hautes-Alpes. Trois Koubas lui ont fait donner le nom de village des *Trois-Marabouts.*

---

Le rendement de cette petite ligne d'Aïn-Temouchent progresse avec une heureuse persistance depuis sa mise en exploitation (1).

C'est que chaque hectare défriché, chaque hectare de vigne planté dans un certain rayon lui assure une perspective certaine de trafic : et Dieu sait ce que l'on défriche et ce que l'on plante de vignes chaque année à Er-Rahel, à Rio-Salado, à Temouchent, aux Trois-Marabouts, et sur leurs annexes. Chaque fois que la Compagnie voit défricher des terres ou planter de la vigne dans ces régions, elle peut se dire : « voilà du trafic en perspective ».

Temouchent est le centre d'un rayonnement de communications. Voiture pour les mines de Béni-Saf,

---

(1) La seule gare de Temouchent a eu, en 1890, le trafic suivant : 7,439 tonnes de céréales, 4,244 tonnes de vins et plus de 22,000 moutons.

voiture pour Tlemcen, voiture pour Sidi-bel-Abbès.

*Béni-Saf* est une ville de 5,754 habitants, créée par la Compagnie minière de Mokta-el-Hadid, qui exploite également les minerais de fer près de Bone.

A Béni-Saf, la Compagnie des minerais de fer de Mokta a construit un port à ses frais. Elle y a créé tout un système de voies ferrées sur les gisements de minerais, et ce petit réseau intérieur peut passer pour des plus ingénieux, au point de vue de l'économie dans le transport du minerai de la mine au port.

La mine est admirablement tenue ; et un ordre parfait règne parmi les centaines d'Espagnols et de Marocains qui y sont employés.

Béni-Saf est à 30 kil. de Temouchent. Une voiture particulière peut y mener en deux heures et demie. Quant à la diligence, elle met le temps qu'il plaît à des conducteurs pleins de fantaisies, qui s'arrêtent plus encore qu'ils ne conduisent.

La voiture pour Tlemcen n'est prise que par des indigènes ou par des colons éparpillés sur la route. Elle passe tout près des fameuses carrières *d'Aïn-Tekbalet*, dont les incomparables marbres onyx, translucides, blancs, roses, jaunes, verts et bleus étaient connus des Romains. Les Arabes du XIIIe et du XIVe siècle en ont orné leurs édifices. De magnifiques colonnes en ont été extraites pour l'Opéra de Paris. On peut en extraire des blocs de 7 mètres. La ligne de Temouchent s'approchant à 23 kil. de la carrière d'Aïn Tekbalet, en facilite le développement.

Tanneur Marocain à Agadir (Tlemcen).

## II

## D'ORAN A TLEMCEN

Voici une ligne de chemin de fer bien intéressante, qui dessert une des plus belles contrées de l'Afrique septentrionale. Par son embranchement de Tabia à Raz-el-Mâ, elle atteint les hauts plateaux jusqu'à 1,139 m. d'altitude, et constitue une remarquable voie de pénétration.

La ligne d'Oran à Tlemcen emprunte la voie de la Compagnie P. L. M. d'Oran à *Sainte-Barbe-du-Tlélat* (26 kil.). C'est à cette station que l'on passe des voitures du P. L. M. dans celles de l'Ouest-Algérien. A l'arrivée d'Oran, il n'y a pour ainsi dire aucune perte de temps. Il n'y en a, au retour vers Oran, que lorsque les grands trains du P. L. M. venant d'Alger, n'arrivent pas à heure dite.

Lorsque vous êtes bien installé dans les voitures de l'Ouest-Algérien, et que le train se met en marche, vous pouvez admirer les belles plaines couvertes de vignobles qui entourent **Saint-Lucien,** centre important d'une commune mixte de 24,157 habitants (à 5 kil. 6 du Tlélat).

La voie ferrée s'engage ensuite dans une étroite et longue vallée. En passant, vous voyez (au kil. 14) sur votre gauche, le Barrage de l'oued Tlélat, dont vous venez de remonter le cours depuis Saint-Lucien. Ce barrage fertilise des surfaces considérables.

Puis, vous passez (15 kil. 4) devant une station dont le joli nom de **Lauriers-Roses** vous apprend que l'eau n'y fait pas défaut. Ce qu'ont apprécié les meuniers européens qui s'y sont installés. Du reste les Lauriers-Roses ne sont qu'un hameau. L'**Oued-Imbert** (28 kil.) et **Les Trembles** (36 kil.), sont des villages prospères dont le territoire est bien cultivé.

La montagne devient rocheuse et affecte des profils étranges. Au kil. 38, la voie franchit l'oued Sarno. Au 40$^{me}$ kil. elle entre dans une vallée très fertile arrosée au moyen de barrages anciens reconstruits en maçonnerie, au milieu de laquelle est situé **Sidi-Brahim** (41 kil. 3), village de 6 à 700 habitants, dont beaucoup d'Allemands naturalisés Français, appelés là par des légionnaires retirés du service et fixés dans le pays.

A l'horizon s'élèvent les montagnes du Thessalah, où, sous un merveilleux climat, les récoltes sont

Hôtel-de-Ville de Sidi-bel-Abbès.

régulières et dont les riches produits affluent à Bel-Abbès et ont contribué à son développement commercial.

Désormais la voie parcourt des plaines dont la richesse a, elle aussi, contribué au développement incroyable de *Sidi-bel-Abbès*, la ville principale de cette contrée.

**Sidi-bel-Abbès** est une grande et belle ville de 24,157 habitants, née d'hier. Elle s'est développée comme ces cités américaines qui s'épanouissent par enchantement. Les premières constructions particulières, son abattoir et son cimetière ne datent que de 1849.

En juin 1843, le général Bedeau construisit à côté du Marabout de Sidi-bel-Abbès une redoute destinée à tenir en respect les tribus turbulentes du voisinage. En 1845 un drame, du genre de ceux que les dramaturges ou les romanciers mettent volontiers dans leurs œuvres, ensanglanta cette redoute.

Une soixantaine d'Arabes déguenillés, le bâton du pèlerin dans une main, égrenant leur chapelet de l'autre, marmottant leurs dikrs, venant de faire leurs dévotions au Marabout, se présentèrent pour visiter la redoute.

Elle n'était alors occupée que par des convalescents, la garnison valide étant partie en colonne. On laissa entrer sans défiance le pieux pèlerinage. Mais à peine le dernier des Arabes eut-il pénétré dans l'enceinte qu'il assomma la sentinelle d'un coup de bâton. Aussitôt, tous les autres tirèrent les armes qu'ils tenaient cachées sous leurs burnous. Mais grâce au sang-froid d'un officier comptable, les plus valides se rallièrent, prirent l'offensive et exterminèrent jusqu'au dernier les 58 fanatiques qui s'étaient traîtreusement introduits dans la redoute pour assassiner des malades et des convalescents.

L'accroissement de Bel-Abbès fut tel, qu'il fallut laisser s'établir des faubourgs en dehors de sa trop étroite enceinte. C'est ainsi que l'on vit se développer le *faubourg de la Mekerra* (nom de la rivière qui arrose Bel-Abbès), le *faubourg espagnol*, le *faubourg des Palmiers*, le *faubourg Thiers* et le *Village nègre*.

Ces seules désignations montrent que la population de Bel-Abbès est très panachée.

Elle est en effet de 20,037 habitants, composés de Français, de naturalisés français, d'Espagnols, d'Allemands, d'Italiens, de Musulmans indigènes et de Mozabites.

L'accroissement de la population a été rapide. En 1857 elle était de 4,955 habitants; de 13,927 en 1876, de 18,554 en 1886 et de 22,037 en 1891.

Une telle prospérité a eu son influence directe sur le réseau de l'Ouest-Algérien, dont le trafic a été de 218,965 tonnes en 1890.

Ainsi, dans la même année, Bel-Abbès a expédié plus de 69,000 voyageurs et son trafic a dépassé 66,000 tonnes; qui se décomposent ainsi : céréales, 31,551 tonnes; halfas, 23,282; vins 3,502; écorces, 3,410; crin végétal 554 ; animaux, 5,011.

Bel-Abbès, qu'on pourrait aussi appeler la « ville verte », disparaît presque sous l'ombre des grands arbres de ses avenues et de ses jardins. Elle est au milieu d'une véritable oasis.

Les monuments anciens font défaut à Bel-Abbès : mais cette aimable ville s'en console en conservant le culte de sa Légion.

C'est que, voyez-vous, Bel-Abbès lui doit à peu près la vie à cette Légion, à ce premier régiment étranger! Comment parler de Bel-Abbès, sans en dire un mot, de ce régiment si brillant sur les champs de bataille du Mexique, du Tonkin et de nos colonies..., et si agréable pour les habitants de Bel-Abbès.

On a beau leur dire qu'il contient des maraudeurs de première volée, qu'on y voit les plus fidèles sectateurs du *fourbi* et qu'il est la terreur des vignerons à l'époque de la maturité du raisin : a tout cela l'habitant de Bel-Abbès répond que la ville doit tout au 1er étranger et que, par son étrange composition même, il offre des ressources et des attraits incomparables.

C'est qu'en effet, ce régiment aux souvenirs glorieux est composé de la façon la plus extravagante, de cerveaux brûlés, de déclassés de toutes nationalités. Les conditions sociales les plus disparates s'y touchent les coudes.

On y voit des avocats, des peintres, des pianistes, des compositeurs, des ex-notaires : jusqu'à des prêtres défroqués et des comédiens. Et, ce qui est plus précieux encore, on trouve dans ses rangs des menuisiers, des maçons, des serruriers, des laboureurs, des charpentiers, des orfèvres..... la liste serait longue.

Avec ces éléments, le 1er étranger a pu construire ce qu'il a voulu, jusqu'à l'élégant kiosque du jardin du Cercle militaire; et il a pu former une musique qui passe pour une des deux ou trois meilleures de l'armée. Cette musique, composée de 65 musiciens, comprend : 12 Français, 7 Belges, 4 Italiens, 1 Bavarois, 14 Alsaciens-Lorrains, 14 Prussiens, 1 Saxon, 1 Irlandais, 2 Luxembourgeois, 5 Suisses, 1 Badois, 1 Autrichien, 1 Hessois. Elle renferme des virtuoses de premier ordre.

On peut juger de l'intérêt qu'y attachent les habitants de Bel-Abbès, lorsqu'on saura qu'elle leur offre *six fois par semaine* des distractions musicales.

La rue de Mascara à Tlemcen.

BIBLIOTHÈQUE NATIONALE R.F.

Six concerts par semaine ! Quelle ville peut en offrir autant ?

Et ce n'est pas non plus à dédaigner par le touriste, qui peut s'arranger pour entendre d'excellente musique en passant à Bel-Abbès.

Voici pour le renseigner : — Le mercredi, musique militaire, de midi à 1 heure en hiver, et de 8 à 9 heures du soir en été.

— Le même jour, à l'Hôpital militaire, de 4 à 5 heures. — Le jeudi, au Jardin public, de 3 à 4 heures en hiver, et de 6 à 7 heures en été. — Le vendredi, orchestre d'instruments à cordes, de 8 h. 1/2 à 9 h. 1/2, dans le jardin du Cercle militaire en été, à l'intérieur du Cercle en hiver. — Le samedi, musique militaire au Cercle militaire, de midi à 1 heure en hiver, et de 8 à 9 heures en été. — Le dimanche, place des Quinconces, musique militaire de 4 à 5 heures en hiver, et de 8 à 9 heures en été. Pas de musique le lundi et le mardi, consacrés à l'étude.

Un dernier mot pour permettre au touriste de s'orienter dans Bel-Abbès. En sortant de la gare une route de 800 mètres conduit à la porte d'Oran, située sur le front Nord du rectangle formé par l'enceinte de la ville. En entrant par cette porte, on se trouve dans la rue Prudon, qui la partage en deux parties à peu près égales, et aboutit à la porte de Daya située sur le front Sud. La rue Prudon est coupée au milieu par la rue de Tlemcen, qui forme l'axe du rectangle dans sa longueur et qui aboutit à l'Ouest à la porte de Tlemcen, hors laquelle est le Jardin public et, à l'Est, à la porte de Mascara. Le côté Ouest de la rue Prudon est presqu'entièrement occupé par les établissements militaires. La ville et les édifices civils sont à l'Est. Le Cercle militaire est situé au carrefour formé par le croisement de ces deux artères.

Il s'agit de reprendre le chemin de fer pour Tlemcen. Ici un avis : au lieu de visiter Aïn-Tellout et Lamoricière en rayonnant autour de Tlemcen, il est plus pratique de les visiter en y allant. D'autant plus que les arrêts des trains s'y prêtent parfaitement. Partant à neuf heures cinquante-deux du matin de Bel-Abbès, on file tout droit sur le plus éloigné des points à visiter, sur Lamoricière : où l'on arrive à onze heures vingt-sept, juste à temps pour déjeuner. Le train qui ramène à Aïn-Tellout part de Lamoricière à quatre heures quarante-et-une minutes. On a donc près de cinq heures pour déjeuner et pour visiter Lamoricière. Le train arrive à Aïn-Tellout à cinq heures trois et

Cascade à Lamoricière.

Le Carrefour central et le Cercle militaire à Bel-Abbès.

il en repart à neuf heures vingt-et-une minutes. On a donc le temps de visiter à fond les environs si pittoresques de la gare d'Aïn-Tellout, de dîner au village d'Aïn-Tellout et de rentrer ensuite à Tlemcen, où l'on arrive à dix heures trente-cinq du soir, pour y établir son quartier général.

Cette recommandation faite au moment de partir de Bel-Abbès, nous reprenons le train à neuf heures cinquante-deux du matin. Le chemin de fer traverse des plaines d'une admirable fertilité, semées de bouquets d'arbres, et rencontre des localités intéressantes comme **Sidi-l'Hassen,** (1,120 habitants), **Sidi-Khaled, Bou-Kanéfis,** chef-lieu d'une commune de 19,648 habitants. Ces localités sont toutes à droite de la voie. **Tabia** qui vient ensuite, est à gauche. A Tabia (74 kil. 9), s'embranche la ligne des Hauts-Plateaux — Raz-el-Mâ, que nous verrons après Tlemcen.

A partir de Tabia, la voie qui s'orientait vers le Sud, change de direction pour prendre celle du Sud-Ouest jusqu'à Tlemcen. Toujours ascendante, la voie cotoie les contreforts de la chaîne des montagnes de Tlemcen. Aux grands arbres restés debout, on devine que ces montagnes étaient couvertes d'épaisses forêts, dont les pasteurs ont eu raison par le feu. Aujourd'hui elles sont couvertes de broussailles. Sur la droite, la voie domine une large et profonde vallée, débutant par une sorte de cirque. On voit serpenter à ses pieds la route de Bel-Abbès.

Cette fertile vallée est la patrie des Ouled-Mimoun. Au delà, le sol se relève et l'on voit un immense panorama de montagnes.

Viaduc d'Aïn-Tellout, vu de la rive gauche.

BIBLIOTH. R.F. NATIONALE

Viaduc de Lamoricière sur l'Isser.

A **Lamoricière** (1,823 h.), la gare est une curiosité, le terrain sur lequel elle se trouve ayant fait partie de la colonie d'*Altava*, protégée par un de ces corps de cavalerie de frontière que les Romains appelaient *Alae finitimae.* Les Arabes donnent à ce lieu le nom significatif de *Hadjar-roum* (les pierres romaines). C'est qu'en effet tout le terrain autour de la gare est rempli de débris de toutes sortes. A la hauteur de l'aiguille, la voie est en tranchée dans une butte formée par des restes de constructions. On y trouve des colonnes, des chapiteaux, des vases de toute grandeur. Colonnes et chapiteaux à peine dégrossis, indignes, comme exécution, de la plus basse décadence. Cela fait supposer que l'on est là devant une de ces colonies lointaines, purement agricoles, que l'on ornait comme nos troupiers ornent leurs camps, avec des sculptures improvisées. Ce qui prouve le caractère

Ruines d'une Kasbah, près de la Source des Moulins.

agricole de cette colonie, c'est la grande quantité de moulins romains qu'on y trouve. Près de là sont des canaux d'irrigation, faits avec de grandes pierres de taille reliées entre elles par des queues d'aronde.

De la gare, une belle route de 5 à 600 mètres conduit au bourg. Lamoricière se présente à vous sous la forme d'une large et belle avenue ombragée par de grands arbres au pied desquels coule, de chaque côté de la route, un ruisseau dont les eaux rapides donnent l'impression de la fraîcheur. C'est la grande rue de Lamoricière. Dans sa seconde partie, elle se rétrécit un peu. L'hôtel de France, où vous pouvez déjeuner convenablement, est à gauche.

Après le déjeuner, sortez de l'hôtel et allez tout droit vers l'Est, jusqu'à une belle allée en terrasse, également arrosée par un abondant ruisseau qui alimente un lavoir public. Cette allée domine toute la vallée des Ouled-Mimoun. Le panorama est l'un des plus beaux que l'on puisse voir.

Devant vous, à gauche, la vallée profonde couverte de cultures et de prairies irriguées, au delà de laquelle la vue s'élance dans un lointain merveilleux jusqu'aux plateaux du Tell. On y distingue, dans le bleu, les sommets du Thessalah, qui est à 50 kil. A droite, la vallée est limitée par une sorte de muraille rouge. Ce sont des falaises rocheuses d'où s'échappe la rivière, qui fait s'épanouir au pied de ces rochers un massif d'épaisse verdure. C'est là qu'il faut descendre. On peut y arriver en voiture, s'il est possible de s'en procurer une; mais vous arriverez plus vite à pied, pour peu que vous vous fassiez montrer les sentiers qui mènent de la terrasse au bas du coteau.

Après une marche d'un quart d'heure à vingt minutes, vous arrivez au pied de la falaise, en passant devant de nombreuses grottes, qui pourraient bien avoir été des stations préhistoriques. C'est à la tête de la vallée que les seigneurs arabes des premiers temps avaient établi leur Kasbah dont des murs en pisé sont encore visibles, avec leurs trous noirs alignés.

Vous êtes alors au milieu d'arbres verts; et, bientôt,

vous voyez tomber entre leurs rameaux une superbe cascade. Presqu'à sa naissance, la rivière fait marcher un moulin qui va fertiliser le vallon des Ouled-Mimoun. Rien de plus frais et de plus pittoresque! Les eaux limpides de cette charmante cascade s'échappent d'une fissure profonde. Tout autour, dit Mac-Carthy, des arbres, des jardins, les derniers restes de la végétation qui devait couvrir autrefois ce terrain accidenté. Mais ce qui rend ce site particulièrement remarquable, ce qui fait que l'on ne saurait plus l'oublier après l'avoir vu une seule fois, c'est le groupe de petites montagnes qui le domine immédiatement du côté du soleil couchant. Il faut les voir, dressant aux dernières heures du jour, sur le fond calme du ciel, leur profil accentué et bizarre. L'une d'elles, avec sa crête déchiquetée, ressemble à une scie renversée et inclinée. L'autre élève son piton unique comme pour guider les voyageurs.

Avant de quitter Lamoricière il faut, revenant sur ses pas au sortir de la grande avenue, tourner à droite. A deux cents mètres de là se trouve un pont en pierre jeté sur l'Isser. Sur la gauche, l'oued est charmant, tombant de roc en roc, comme la pièce d'eau de Saint-Cloud, en petites cascades successives, bordé d'arbres et de buissons. A cinq cents mètres en amont, il rencontre la ligne de chemin de fer, qui le franchit sur un pont métallique.

Si au contraire vous tournez à droite au delà du pont, et si vous obliquez toujours à droite à environ 300 mètres, vous aurez le coup d'œil magnifique d'une chute de rochers, à travers laquelle l'Isser tombe bruyamment en cascades assez grandes, pour reprendre ensuite son cours à trente ou quarante mè-

Le Ravin et la petite Cascade d'Aïn-Tellout.

tres plus bas. On ne regrettera pas d'avoir ajouté ces deux petites courses à la visite de la cascade des Moulins dans la vallée des Mimoun, avant de reprendre le train pour Aïn-Tellout.

La Tour du Ruisseau d'Aïn-Tellout.

**Aïn Tellout !** On ne saurait imaginer un ensemble plus curieux de sites tour à tour gracieux, pittoresques ou grandioses.

Ce serait à y passer des journées ; mais vous n'avez que quelques heures à y dépenser. Le chef de gare vous indiquera un homme ou un gamin pour vous guider, quoique tous ces sites se trouvent groupés dans un rayon de 5 à 600 mètres.

Vous franchirez la voie et descendrez le talus en face de la gare. Puis vous rejoindrez le ruisseau, sur sa rive gauche. Un petit gué de rochers placés dans

Le Promontoire du Ravin d'Aïn-Tellout.

son lit permet de passer à la rive droite. A 100 mètres de là se trouvent les ruines de quelque oppidum. Puis, c'est une tour démantelée à côté de laquelle se dresse un figuier gigantesque, aussi haut qu'elle, à demi-mort tant il est vieux. Puis c'est une cascade idéale, tout enfouie sous une épaisse verdure, et une roche percée des plus curieuses. Quelle moisson pour un paysagiste !

En passant à travers champs, vers l'Est, on se trouve, à 200 ou 300 mètres, devant un ravin profond bordé de falaises hautes de 50 à 60 mètres. A la tête du ravin bondit une cascade énorme. C'est notre ruisseau, l'oued Tellout, qui fait le grand saut. La nappe d'eau tombe de 30 à 40 mètres sur un gros rocher usé par sa chute, rond, noir et luisant comme le dos de quelque mastodonte, autour duquel bouillonne l'écume blanche de la cascade. Vous êtes sur le versant droit du ravin, tout couvert d'arbres, de grenadiers, de térébinthes, de figuiers, de lauriers, de vignes même. En face, c'est la grande falaise abrupte, où l'on voit encore les aires des aigles que le sifflet de la locomotive a fait déloger. Au delà, un panorama admirable. Il faut pousser jusqu'à l'extrémité du promontoire rocheux pour en admirer la splendeur. Et quel premier plan !

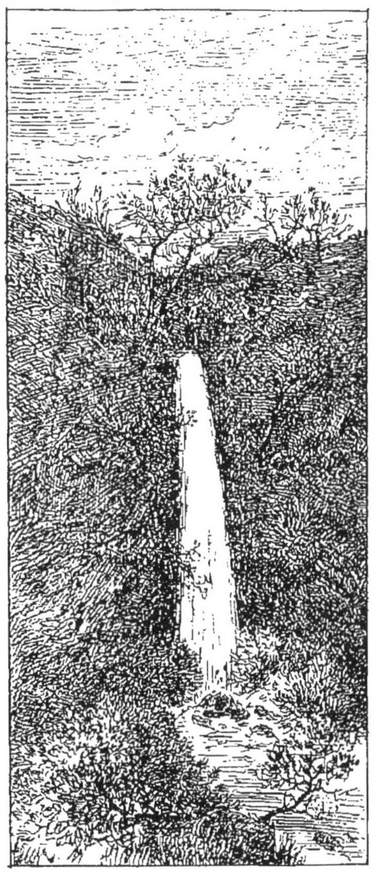

La grande Cascade d'Aïn-Tellout, vue de la rive droite.

En descendant plus bas, on trouve des vignes qui datent sans doute des Romains et qui n'ont jamais connu les blessures de la taille. Elles sont colossales, toujours plantées à côté d'énormes térébinthes (le *Bétoun* des Arabes), dans les branches desquels se

La grande Cascade d'Aïn-Tellout, vue de la rive gauche.

faufilent les sarments jusqu'à 8 et 10 mètres de hauteur. Certains de ces ceps mesurent plus de 1 mètre 50 de circonférence. Les raisins qu'ils produisent sont énormes, de vrais fruits de Terre promise. La vue de pareils végétaux vaut la peine que l'on se donnera pour grimper, en revenant sur ses pas.

Il faut remonter, en effet, jusqu'au grand viaduc

Viaduc d'Aïn-Tellout, vu de la rive droite de l'Oued.

et passer sous sa première arche, le long du canal d'irrigation pris sur l'oued; puis traverser l'oued, et passer sur sa rive gauche.

C'est alors un morceau de forêt de Fontainebleau, avec de gros rochers éboulés, que les vieux térébinthes enlacent de leurs vigoureuses racines. Dans la tête de ces arbres séculaires le lierre odorant, la clématite et la vigne, propagent leurs lianes.

En remontant le courant de ce délicieux ruisseau, on arrive, à 500 mètres environ, à sa source même : vaste enclos d'un demi-hectare, où la végétation la plus bizarre naît et meurt sans qu'on y touche. Ce serait un nettoyage à opérer.

A l'Est de la source, à 200 mètres, sur le coteau, est le hameau d'Aïn-Tellout, très heureusement placé sur la bifurcation des routes de Sebdou et de Bel-Abbès.

Vous trouverez là de quoi vous rafraîchir, de quoi manger et même coucher, au besoin, chez M. Glaize, épicier. M^me^ Glaize nous a montré des raisins noirs et blancs, les plus beaux que l'on puisse imaginer. Ils provenaient de vignes romaines appartenant au riche marabout Sidi-Ahmet, dont la tente est précisément plantée au milieu des vignes dont il a été question plus haut. Ce marabout, ami des Français, a aussi le plus beau troupeau des environs.

Ces beaux raisins, légèrement muscatés, mis dans l'eau-de-vie, sont pour faire crever de jalousie les prunes, de la Mère Moreau, tant ils sont délicats.

Le hameau est habité par des Espagnols qui défrichent des terres dans la vallée de Sebdou et qui exploitent le tannin et le charbon. Il y a aussi quelques Français.

**Oued-Chouly,** la station qui suit Lamoricière, en se dirigeant sur Tlemcen, ne présente pas d'intérêt, la rivière qui lui donne son nom effectue cependant, non loin de là, de jolies cascades.

**Aïn-Fezza** mérite qu'on le visite, à cause de ses grottes merveilleuses.

Il est bon de s'adresser préalablement à l'administrateur de la commune : car, pour visiter ces grottes, il faut une équipe d'Arabes munis de torches. Nous les décrirons ici, à leur place sur le chemin de fer, quoique cette excursion et celle des cascades d'El-Ourit doivent se faire en partant de Tlemcen.

Les grottes des *Hal-el-Oued* ou de *Sidi-Aïssa* sont à 5 kil. de la gare. L'on y arrive par un chemin pierreux qui longe des douars d'où sortent, sur votre passage, des enfants moitié nus. L'ascension est assez pénible. On débouche brusquement dans une sorte d'amphithéâtre dont les gradins sont occupés par les bédouins commandés pour vous par l'administrateur. Sur l'ordre du cheick qui les conduit, ils allument leurs torches en diss et en halfa.

On pénètre dans le souterrain par une ouverture basse et large, qui ne fait pas pressentir le tableau saisissant qui va s'offrir aux yeux.

Une petite pente raide vous jette alors, plutôt qu'elle ne vous conduit, dans une première salle encore vaguement éclairée par le jour du dehors. Sol irrégulier, parois humides et nues. Malgré la hauteur de la voûte, qui dépasse 8 mètres, l'aspect en est décevant. On traverse alors un dédale de couloirs, formant des nefs et des transepts, sur lesquels s'ouvrent comme des chapelles latérales. On traverse des salles dont les plafonds laissent pendre des stalactites d'une admirable finesse. Du sol, s'élèvent des stalagmites qui semblent avoir fait un effort suprême pour rejoindre leurs sœurs d'en haut. On dirait une forêt détruite par le feu, dont il ne resterait que les troncs dénudés. Si les yeux se lèvent vers la voûte, ce sont des cris d'admiration, que l'écho répète vingt fois. Ce ne sont de toute part que des dentelles de pierre, auxquelles on dirait que des milliers d'artistes ont passé des centaines d'années ! C'est l'infini dans la sculpture ; c'est la grâce sans définition de forme, avec l'harmonie par similitude de formation. De place en place, on évite des trous noirs et béants qui demandent une

Porte de la Mosquée de Sidi-Haloui

BIBLIOTHÈQUE NATIONALE R.F

proie. Puis on contemple à nouveau, ravi, des blocs de rochers dont la silhouette donne l'aspect d'animaux fantastiques. Dans l'un d'eux, les indigènes, avec un peu de complaisance, reconnaissent un chameau bâté tenu en bride par son chamelier. On y admire aussi des colonnes cannelées, des pilastres, des voûtes en ogive et à plein cintre et toutes les fantaisies d'une architecture extravagante.

Tout ce spectacle vu à la lueur tremblotante des grossiers flambeaux qu'agitent les Arabes, fantômes en burnous blanc, a quelque chose d'infernal... une évocation de spectres! La scène est si grandiose et si terrifiante, qu'elle laisse une impression profonde dans l'esprit des visiteurs.

Attention au sol inégal et aux trous souvent invisibles avec cet éclairage insuffisant, et dans lesquels on peut prendre un bain d'eau glaciale! La fumée des torches finit par tout voiler, le froid vous saisit, et l'on est, malgré la beauté de ce qu'on a vu, enchanté de retrouver au dehors la bonne lumière du grand soleil.

## TLEMCEN

La rue des Orfèvres et le Minaret d'Abou-el-Hassen (Tlemcen).

« Au loin s'étend « une haute chaîne « de montagnes, dont « le pied plonge en- « core dans l'ombre. « Peu à peu les « rayons du soleil le- « vant éclairent leurs « flancs mystérieux ; « des maisons blan- « ches, des tours éle- « vées, des remparts « qui semblent nager « dans des flots de « lumière vaporeuse, « des paysages d'une « richesse magnifi- « que se révèlent à la « curiosité de vos regards. Vous avez devant vous « l'ancienne capitale du Maghred (1) moyen, la porte « du Gharb, la clé de l'Occident, la première rési- « dence des princes Edrissidro, le siège d'un empire « célèbre dans les fastes de l'Afrique septentrionale; « enfin une cité dont les ruines sont dignes, au « plus haut degré, des études et des explorations de « la science. Cette apparition qui a lieu au moment « du réveil de la nature entière et dans un lointain « où les objets paraissent revêtus de formes vagues

(1) Couchant — empire du couchant.

Ruines des Remparts du Vieux Tlemcen.

« et incertaines, me semblent tenir plutôt du rêve « et de l'illusion, que de la réalité et de l'évidence ».

Ainsi s'exprimait Bargès, le premier historien français de Tlemcen, lorsqu'après avoir dépassé le pont de l'Isser, il aperçut l'antique capitale des rois du Maghreb.

Ruines d'une des Portes du Vieux Tlemcen.

Dans ce langage imagé, particulier aux Maures, Ibn Khefadja, qui vivait à Cordoue, s'est écrié :

« Le Paradis de l'éternité, ô Tlemcéniens ! ne se « trouve que dans votre patrie ; et, s'il m'était donné « de choisir, je n'en voudrais pas d'autre que Tlem- « cen ! »

La *Topographie agricole*, plus éloignée des rêves du poète et plus près de la réalité de notre temps, décrit à son tour la charmante cité :

« Place forte, ville industrielle, commerçante, « agricole et vinicole, Tlemcen n'a conservé de son « antique splendeur que les débris de ses anciens « monuments (mosquées, médersas, minarets), de ses « remparts, de ses aqueducs, bassins, barrages, « canaux et conduites d'irrigations. Le régime fiscal « écrasant des Turcs avait réduit la population qui « dépassait, dit-on, cent mille âmes lorsqu'elle était « la capitale des Beni-Zeiyan, à quelques centaines de « Maures et de Coulouglis, lorsque nous en avons « pris possession ».

En réalité, trois ans après l'occupation de Tlemcen par les Français, la population décimée par les exactions, par l'anarchie des dominations arabe et turque, et par les sièges, était réduite à 6,855 habitants, dont 2,100 Maures, 2,670 Coulouglis, 1,585 Israélites et 5 à 600 Chrétiens ; ces derniers presque tous européens.

En 1881, le recensement a accusé 24,117 habitants.

Celui de juillet 1885 en a accusé 27,139.

Le recensement de 1891 a donné 28,849 habitants, dont 18,556 Musulmans, 4,269 étrangers et 6,024 Français ou naturalisés français.

Les Musulmans de Tlemcen représentent les deux tiers de sa population. La population musulmane est formée d'hommes de diverses races. Il y a d'abord les *Arabes*, descendants des premiers conquérants, hommes aux traits délicats, au regard fier, au front grave, au port noble, presque majestueux, à la jambe fine et sèche.

Les *Maures* ou *Hadars*, citadins, sont la synthèse de toutes les races du Nord de l'Afrique, plutôt qu'une race bien définie. Ils sont indolents, lymphatiques, chargés d'embonpoint, apathiques et passifs. S'ils ne sont pas marchands, ils aspirent aux emplois paisi-

Intérieur de la Porte du Méchouar.

bles de l'administration indigène. Ils passent pour honnêtes et droits.

Les *Coulouglis*, au teint blanc, fortement constitués au physique, monogames par nécessité, étant

Porte et Esplanade du Méchouar.

pauvres, artisans pour la plupart, descendent d'unions de Turcs avec les femmes du pays.

Il y a aussi des *Marocains* fixés à Tlemcen. Ils viennent surtout du territoire d'Oudjda, et sont de race Berbère.

Il convient, pour compléter le tableau si varié de la population de Tlemcen, d'y ajouter la note sombre des *nègres*; autrefois esclaves, aujourd'hui libres. Esclaves, ils étaient traités avec douceur. On les convertissait à l'islamisme et, bien souvent, on affranchissait les néophites. Les négresses devenaient fréquemment les femmes de leurs maîtres et les enfants issus de ces unions naissaient libres.

Comme le commerce des esclaves est encore florissant au Maroc, à deux pas de Tlemcen, il est bon de rappeler qu'on y désigne un esclave par ces mots : *gemt-el-melha* (équivalent du sel). Et voici pourquoi. Pour acheter un esclave au Soudan, on le fait monter sur une plaque de sel gemme d'une épaisseur de 18 à 26 centimètres et l'on y découpe la trace de ses pieds. La partie recouverte par les pieds constitue le paiement (1).

Les nègres du Soudan, race saine, robuste, soumise, forment à Tlemcen une petite colonie d'ouvriers employés aux travaux manuels.

---

Placé à 820 mètres d'altitude, Tlemcen jouit d'un climat doux et salubre, analogue à celui de la France.

(1) La valeur du sel, arrivé dans l'intérieur du Soudan, est considérable.

La Porte d'entrée de la Koubba ou Tombeau de Sidi-bou-Médine.

BIBLIOTHÈQUE NATIONALE RF

Les hivers y sont relativement rigoureux : on y voit souvent de la neige. Cependant, le thermomètre y descend rarement au-dessous de zéro. De novembre à mai, la moyenne varie de 10 à 16°. De mai à novembre, elle s'élève de 26 à 32°.

La brise de la mer remonte de la vallée de la Tafna et tempère les rigueurs du sirocco.

La moyenne annuelle des eaux pluviales est de 0,635 ; et l'eau de source n'y fait pas défaut, puisque l'ensemble des sources qui alimentent Tlemcen donne un débit de 100 litres à la seconde.

Telle est la physionomie générale de Tlemcen. On y arrive aujourd'hui d'Oran en cinq heures et demie, par le chemin de fer de l'Ouest-Algérien. La gare est placée dans un site merveilleux, à mi-côte, au pied de l'admirable village de Bou-Médine. Elle domine vers le nord une vallée boisée, que l'on a décorée du nom de « Bois-de-Boulogne ». Au sortir de la gare, une route de 5 à 600 mètres conduit au pied des remparts.

On franchit la porte de Bou-Médine et l'on se trouve dans la rue de Bel-Abbès, qui conduit à une allée ombreuse, une sorte d'esplanade occupant deux côtés du Méchouar (citadelle).

L'Hôtel de France sera probablement votre quartier général. Il est situé dans la rue qui se trouve à l'extrémité de l'esplanade. C'est de ce point que nous nous orienterons.

En sortant de l'hôtel, et en tournant à droite, on arrive, à 100 mètres de l'hôtel, sur l'esplanade du Méchouar, toute ombragée de grands arbres. Cette première avenue mène, à gauche, à l'entrée de la caserne de Gourmela située au milieu des maisons, et à droite à l'entrée principale du Méchouar.

Les principaux cafés européens et arabes sont à l'extrémité de l'avenue.

Il faut suivre la rue de France, qui est dans l'axe de cette avenue, pour arriver sur la grande place centrale de Tlemcen, partagée en deux par cette même rue de France. A gauche la place d'Alger, à droite la place de la Mairie ou Saint-Michel. Toutes deux sont plantées d'arbres. C'est là qu'il faut aller dès le matin pour voir un marché des plus pittoresques ; où, en automne surtout, il y a une abondance et une variété de fruits extraordinaires.

La Mairie, édifice fort médiocre, contient un musée où se trouvent quelques antiquités curieuses et une collection remarquable de fossiles, due au zèle patient et éclairé du respectable et généreux curé de Tlemcen.

La grande Mosquée, *Djama Kebir*, est en face de la Mairie. C'est un immense bâtiment carré, blanchi à la chaux, sans caractère spécial à l'extérieur. Huit portes y donnent accès. Le Minaret, seul, est remarquable. Sa hauteur est de 35 à 36 mètres, il est bâti en briques, orné sur ses quatre faces de colonnettes en marbre et revêtu de mosaïques en terre vernissée. C'est un très beau spécimen de l'art arabe du XIIIe siècle. La cour, avec ses dalles, sa fontaine aux ablutions en onyx et ses arbres, est entourée d'arcades closes avec des boiseries dont le dessin est assez curieux.

Cette cour se rattache au vaisseau principal, de 20 mètres sur 50, supporté par 72 colonnes. C'est là que s'assemblent les fidèles.

Le mihrab (orienté vers le Sud et non vers l'Orient) est surmonté par une coupole à jour, d'un effet singu-

Le Minaret d'Agadir.

lier, qui est à l'art arabe ce que la rocaille du XVIII^e siècle est à l'art français. C'est une orgie de combinaisons de lignes se contrariant les unes les autres ! Le grand lustre en bois de cèdre, recouvert de lames de cuivre, serait un don de Yar'moracen, qui a bâti le minaret vers le milieu du XIII^e siècle.

En sortant de la mosquée à l'Est, sous le cloître qui conduit à la place de la Mairie, on trouve devant soi un petit oratoire dans lequel est enterré Ahmed-ben-Hassen-el-R'omari, un saint très vénéré, mort dans la mosquée même, en 1466. L'oratoire est pittoresque, toujours plein de dévotes qui attendent la guérison de leurs maux de l'intercession du marabout. Jolie inscription sculptée en bois au-dessus de la porte. Sur la place d'Alger, au coin de la rue Haëdo, se trouve une petite mosquée de modeste apparence, la *Djama Abou'Lhassen*, aujourd'hui transformée en école. L'intérieur est une pure merveille. On ne rencontre nulle part des sculptures en plâtre (1) d'une telle pureté et d'une aussi grande finesse. Celles du mirhab sont exquises.

Le vaisseau de cette petite mosquée est remarquable aussi, étant divisé en trois travées par de belles arcades en fer à cheval supportées par six colonnes en onyx, dont deux engagées dans le mur pour soutenir la voûte du mihrab. Le plafond en bois de cèdre finement sculpté, porte encore des traces de peinture ! La mosquée date de la fin du XIII^e siècle. A gauche de la mosquée la rue des Orfèvres, très pittoresque, débouche sur la place d'Alger.

(1) *Nokschi-hadida* — sculpté avec le fer — c'est-à-dire au couteau.

BN

PROCESSION DU MOULOUD A SIDI-BOU-MÉDINE.

Sur le côté Est de la place de la Mairie se trouve la rue de Mascara, très pittoresque dans sa partie basse. Elle est en quelque sorte le centre du commerce indigène. C'est dans cette rue que l'on peut faire quelques acquisitions d'objets du pays ou du Maroc: étoffes, tapis, broderies, couvertures, maroquineries. La rue de Mascara conduit à la porte de l'Abattoir.

Une petite rue, à l'angle Sud-Est de la place de la Mairie, conduit à la place des Victoires: jolie petite place, d'où la vue s'étend au loin par-dessus la ville basse. Une statue en bronze, reproduction de la Diane de Gabies, orne cette place. Les indigènes l'appellent la « négresse », à cause de la couleur sombre du métal. Ils ne peuvent comprendre qu'une statue presque noire puisse représenter une femme blanche. Pour eux, la couleur prime le type.

Si vous prenez, tout à côté de l'hôtel de France, à gauche, la rue Ximénès, artère qui traverse Tlemcen du Nord au Sud, vous arrivez d'abord au bureau des Postes et Télégraphes, puis à la place de l'Église, au cours National et à la place Cavaignac. C'est le quartier neuf, très spacieux, avec beaucoup de beaux arbres sur les places et les avenues. Le palais de Justice, affreuse construction, est à gauche de l'Eglise.

Le quartier arabe, aux rues étroites et pittoresques, est à gauche de l'hôtel, le long de la rue Ximénès.

Ces principales artères connues, on peut facilement s'orienter dans Tlemcen.

Une ravissante promenade à faire, c'est le tour des boulevards à l'intérieur de l'enceinte. En beaucoup de points de ces boulevards la vue est superbe. Sur les boulevards d'Oran et de Sidi-Halouï on aperçoit la mer (à plus de 50 kil.) entre les dépressions de montagnes qui ferment l'horizon vers le Nord.

Le Sud-Ouest de la ville, à l'intérieur de l'enceinte, est occupé par le quartier de cavalerie et le Parc-aux-Meules.

. Sept portes donnent accès à Tlemcen. Entre les deux portes du front Ouest (la porte d'Oran et la porte de Fez) se trouve le Grand Bassin, ou Sahridji, adossé à l'extérieur de l'enceinte. C'est un immense rectangle long de 220 mètres du Nord au Sud et large de 150 mètres. Le bassin est profond de 3 mètres. L'absence de canaux d'écoulement ne permet pas de croire qu'il ait eu une destination agricole. C'était un bassin destiné aux exercices nautiques, une naumachie. Barberousse y fit noyer les princes Zeizanides, avec un effroyable raffinement de cruauté.

On a essayé d'utiliser ce bassin pour les irrigations ; mais une fuite s'étant déclarée, on a dû y renoncer. Il sert de champ de manœuvre.

L'enceinte de Tlemcen renferme une citadelle. Les Arabes la désignent sous la dénomination générale du *Méchouar*.

Les hautes murailles du Méchouar de Tlemcen ont été les témoins de règnes resplendissants et aussi de drames épouvantables. L'histoire de Tlemcen fut, depuis sept siècles, celle de son Méchouar. On peut même affirmer que le Tlemcen que l'on voit aujourd'hui s'est formé sous la protection de son Méchouar.

En effet, la ville qui dominait la vallée magnifique qu'arrose le Saf-Saf, n'était pas où l'on voit la cité actuelle. *Pomaria !* un nom qui montre que les Romains appréciaient la fertilité de ce pays admirable. Pomaria était située à environ 500 mètres à l'Est de Tlemcen, là où s'élève encore le minaret d'*Agadir*, ville arabe érigée sur les ruines de la cité romaine.

Agadir devint la capitale du Maghreb central. Mais l'empire occidental fut disputé; et, en 1145, une forteresse inexpugnable, assez grande pour renfermer une petite ville, fut élevée sur l'emplacement ou l'Almoravide Joussef-ben-Tachfin avait planté sa tente, lorsqu'il assiégeait Agadir en 1067. Le Méchouar a donc sept siècles d'existence.

Les écrivains arabes racontent qu'il renfermait des merveilles dignes des contes des Mille et une nuits, à l'époque florissante où il était le siège du gouvernement des rois de Tlemcen, des dynasties des Beni-Zeiyan et des Mérénides, protectrices des sciences, des lettres et des arts.

Léon l'Africain (Lyon 1556) le décrit ainsi : « Du « côté du Midi est assis le palais royal, ceint de « hautes murailles en manière de forteresse, et par « dedans embelli de plusieurs édifices et bâtiments « avec beaux jardins et fontaines, étant tous somptueu- « sement élevés et d'une magnifique architecture. Il a « deux portes dont l'une regarde la campagne et l'autre « du côté de la ville. » De toutes les splendeurs intérieures du Méchouar; il ne reste qu'un minaret. Nous les avons remplacées par un hôpital, par des casernes et par tous les bâtiments nécessaires pour une administration militaire.

Au XVI$^{e}$ siècle deux aventuriers, Baba-Aroudj et son frère Kheir-ed-Din, qui avaient établi la domination turque en Algérie, furent appelés par les habitants de Tlemcen, mécontents de leur maître. Ils se jetaient dans la gueule du loup. Aroudj, plus connu sous le nom de *Barberousse*, s'installa dans le Méchouar; et bientôt cet homme, cruel jusqu'à la férocité, leur fit regretter leurs anciens maîtres.

Puis les Espagnols, établis sur la côte, en eurent raison (1518) après un siège de six mois. La défense fut héroïque : mais Aroudj dut s'enfuir. Embarrassé par les richesses qu'il emportait dans sa fuite, serré de près par les Espagnols, il eut beau semer de l'or et des objets précieux sous les pas de ceux qui lui donnaient la chasse : stratagème inutile ! Rejoint par ses ennemis, il se défendit dans un parc à chèvres, près de Rio-Salado. Il fut mis à mort, et sa tête fut envoyée à Oran.

Les Espagnols se retirèrent et les Turcs restèrent maîtres de Tlemcen jusqu'à l'occupation française.

En 1832, au moment où Abd-el-Kader était élevé à la dignité d'émir sur les Hachems de Mascara, Tlemcen était divisé en deux camps. D'une part les Turcs et les Coulouglis, qui occupaient le Méchouar; et, d'autre part, les Maures, maîtres de la ville.

Résolu d'étendre son pouvoir vers l'Ouest, Abd-el-Kader se présenta devant Tlemcen en juillet 1833.

Après un combat heureux, il voulut s'emparer du Méchouar : mais les Turcs et les Coulouglis lui en refusèrent l'entrée. N'osant commencer un siège faute d'artillerie, l'émir s'en retourna à Mascara.

Les tribus des Douair et des Smela, amies de la France, commandées par Mustapha Ben-Ismaël, mirent Abd-el-Kader en pleine déroute dans la nuit du 12 avril 1834. Craignant un retour offensif, Mustapha alla s'enfermer avec les Turcs dans le Méchouar. Abd-el-Kader le suivit : mais ses efforts échouèrent devant les hautes murailles de la citadelle. Pendant

LE MARCHÉ DE LA PLACE D'ALGER
ET LA GRANDE MOSQUÉE DE TLEMCEN.

BIBLIOTHÈQUE NATIONALE RF

ce blocus étroit, Abd-el-Kader coupa 60 têtes à des assiégés surpris dans une sortie, et fit lancer les oreilles des victimes dans la place, au moyen de frondes.

En 1836 une colonne française entra à Tlemcen sans obstacle.

Abd-el-Kader réfugié près d'Aïn-Fezza, dans des rochers qu'il croyait inexpugnables, y est poursuivi et battu par les Coulouglis de Mustapha, appuyés par une colonne légère commandée par le général Perrégaux. Abd-el-Kader, serré de près par le commandant de spahis Youssouf, ne dut son salut qu'à la vitesse de son cheval. Sans tente, sans nourriture et sans feu, il passa la nuit couché à côté du cheval auquel il devait la vie.

Le 7 février 1836, avant de retourner à Oran, le maréchal Clauzel laissa dans le Méchouar une garnison composée de 500 zouaves volontaires et de Coulouglis. La place était mise par lui sous le commandement du capitaine du génie Cavaignac.

A peine fut-il éloigné, les troupes d'Abd-el-Kader investirent la forteresse. Pendant six mois, jusqu'au 24 juillet, l'héroïque garnison, à laquelle on avait laissé des vivres pour trois mois seulement, eut à endurer mille privations. Elle comptait les jours de combat comme des jours de distraction, partageant la faible ration de pain avec les braves Coulouglis. Son vaillant commandant s'était imposé, tout le premier, cette privation. En quelque sorte séparée du monde pendant quinze mois, sans cesse attaquée par Abd-el-Kader, qui était installé à 200 mètres des remparts du Méchouar, cette garnison ne fut ravitaillée que deux fois.

Finalement, lorsque le déplorable traité de la Tafna, conclu le 30 mai 1837 et ratifié le 15 juin suivant, rendit Tlemcen à Abd-el-Kader, le capitaine Cavaignac et ses vaillants compagnons abandonnèrent le Méchouar, qu'ils avaient conservé à la France.

Ce siège mémorable a eu son côté pittoresque.

La garnison s'amusait beaucoup d'un lionceau que son père nourricier, l'alsacien Zimmermann, avait baptisé « Bonhomme », à cause de l'aménité de son caractère.

Bonhomme était l'être le plus doux et le plus espiègle à la fois : s'amusant à donner des crocs en jambes aux petits marchands de pain enfermés dans le Méchouar, et ce, à la grande joie des zouaves.

Lors de l'évacuation, ce lion fut envoyé au Jardin des Plantes, sous la conduite de Zimmermann.

A Marseille, Zimmermann ayant mal attaché son ami, Bonhomme alla se promener tranquillement sur la Cannebière, où un précurseur de Tartarin tua d'un coup de fusil le pauvre et inoffensif roi du désert. Et voilà comment les survivants de 1837 peuvent raconter que, de leur temps, on chassait le lion dans les rues de Marseille. A preuve! qu'on en a tué un dans la traversée de la Cannebière.

Le capitaine Cavaignac avait, durant ce long siège, installé dans le Méchouar un hôpital, construit des casernes et fabriqué des vêtements.

Enfin, le 31 janvier 1842, Tlemcen et le Méchouar furent définitivement occupés par l'armée française. Et c'est au général Bedeau que revient l'honneur d'avoir relevé de ses ruines, repeuplé la ville de Tlemcen, et installé, tant en ville que dans le

Méchouar, la plupart des établissements militaires formant le centre de la subdivision.

Depuis lors, Tlemcen a réalisé des progrès considérables. Elle est le centre d'une des plus belles contrées de l'Afrique septentrionale, au milieu d'un pays absolument pacifié.

Village nègre et Minaret de Sidi-Lhassen.

**Les environs de Tlemcen.** — L'on peut faire autour de Tlemcen un grand nombre de promenades plus charmantes et plus intéressantes les unes que les autres. Voyons d'abord celles qui sont à faire pour ainsi dire sous ses murs, comme le village berbère troglodyte des Kéfani et le cimetière israélite, la mosquée de Sidi-Halouï, le village de Sidi-Lhassen, Agadir et les tanneries, le marabout de Sidi-Daoudi, le marabout de la fille du Sultan, le Bois-de-Boulogne, Sidi-bou-Médine et Mansourah.

En sortant de Tlemcen par la porte d'Oran, on voit les restes des anciens remparts arabes en pisé. A un peu plus d'un kilomètre de là, se trouve un cimetière israélite, très curieux le vendredi soir, lorsque les femmes juives, aux longs voiles rouges, viennent se lamenter sur les tombes en marbre blanc. En face la porte du cimetière, à gauche de la route du Champ de courses, un petit chemin conduit en dix minutes aux **Kéfani,** village berbère extrêmement curieux.

A part le marabout et quelques maisons, il est troglodyte.

Les habitants sont installés sous des voûtes naturelles formées par des rochers. Plusieurs de ces rochers forment de véritables ponts. Le type des habitants des Kéfani ne laisse aucun doute sur leur origine. Leurs figures larges et leurs pommettes saillantes ne permettent pas de les confondre avec les Arabes. Les femmes portent de longues robes attachées à la ceinture, généralement en indienne à fond blanc semé de fleurs très voyantes.

Un peu plus loin on arrive du côté de Mansourah ; et l'on peut, avant de rentrer en ville par la porte de Fez, admirer la *Porte de la Victoire* qui se trouve entre Tlemcen et Mansourah, à gauche de la route.

Cette porte, qui s'appelle aussi Bab-el-Khemis, est à 500 mètres de Mansourah ; elle faisait partie d'un mur de circonvallation élevé à la fin du XIII^e siècle.

Elle est en briques rouges, et fort bien conservée. Sa hauteur est de 10 mètres et sa profondeur de 4 mètres.

Une fort belle promenade à faire est celle de l'Est de la ville. On sort par la porte Daya. En tournant

Porte d'entrée de la Mosquée de Sidi-bou-Médine.

R.F. BIBLIOTHEQUE

à gauche, au pied des remparts, on est à deux cents mètres du village nègre, fort curieux, dominé par un minaret dont les panneaux sont très beaux. Les incrustations en faïence verte, formant les croisements des entrelacs, représentent des fleurs de lys du plus parfait dessin. La mosquée porte le nom de *Sidi-Lhassen.*

En suivant la route on arrive à la mosquée de *Sidi-Haloui*, l'une des plus belles et des plus célèbres de Tlemcen, située à l'angle Nord-Est de l'enceinte. Vers la fin du XIIIe siècle un cadi de Séville, Abou-abd-Allah-ech-Choudi, se voua à la pauvreté et à l'apostolat. Il se couvrit de haillons et vint porter la bonne parole à Tlemcen.

Il commençait par faire le fou pour ameuter la population ; il vendait aussi des sucreries (*halaoua*) aux enfants et ceux-ci le surnommèrent *Haloui*, le marchand de bonbons. Quand il avait rassemblé les grands par ses excentricités de « Maboul » et les petits au moyen de sucres d'orge, il changeait de ton et se mettait à discourir admirablement sur les choses de la morale et de la religion. Ce que voyant, le peuple le salua *ouali* (Saint), et ses miracles firent connaître son nom dans tout le monde musulman.

Suivant une légende, il aurait été mis à mort par un vizir jaloux et haineux ; et son corps, privé de sépulture aurait été jeté en pâture aux fauves. Ressuscité, il serait apparu au sultan, qui, reconnaissant la vérité, fit ensevelir le vizir, tout vivant, dans un bloc de pisé et fit élever au saint un tombeau digne de lui. L'on voit ce tombeau sur un petit tertre, à l'ombre d'un caroubier séculaire. La mosquée est resplendissante de mosaïques d'un dessin très pur. Sa disposition intérieure est analogue à celle de la Grande-Mosquée. Le minaret est orné sur ses quatre faces de panneaux rehaussés de faïences. C'est une mosquée à visiter avec soin.

En revenant sur ses pas, il faut s'arrêter à la hauteur du minaret de Sidi-Lhassen et s'engager dans le petit chemin ombreux qui passe au pied du minaret, à droite. Ce sentier charmant conduit sur l'emplacement où furent la Pomaria des Romains et l'Agadir des Arabes. L'endroit est ravissant. Au bout de dix minutes, on passe sous une grande tour ruinée, la *Tour des Vents*.

A quelques pas de là se trouvent, au milieu de ruines romaines, les grandes tanneries dominées par le minaret d'Agadir. C'est là que se fabrique ce beau cuir solide et souple que nous appelons maroquin et qui est connu dans tout le nord de l'Afrique sous la dénomination de *filalis*. Les peaux de boucs et de chèvres reçoivent un apprêt spécial dans des fosses en plein air. On les étend et on les sèche sur un ancien mur romain à gros appareil. Rien de plus pittoresque que ces tanneries, où des ouvriers marocains, coiffés de la petite calotte rouge conique, portent des charges de peaux à faire plier un hammal de Tunis.

Et quel panorama se développe devant ces tanneries! On se trouve là sur l'emplacement où s'élevait Agadir, le Tlemcen primitif qui, lui-même, avait remplacé Pomaria. Il y a eu deux villes distinctes jusque vers le milieu du XII^e^ siècle. *Agadir* vers l'Est et *Tagrart* à l'Ouest, où est actuellement Tlemcen. Vers le XIII^e^ siècle les deux villes n'en firent plus qu'une, la nouvelle Tlemcen. Mais le quartier d'Agadir, ruiné et bouleversé par les guerres, fut peu à peu abandonné par sa population; et il n'en reste plus aujourd'hui d'autres traces que quelques pans de murailles en pisé, un grand bassin et le minaret de la mosquée. Ce minaret, haut d'environ 55 mètres, a pour base de grandes pierres romaines, débris de Pomaria, dont plusieurs portent des inscriptions placées en dehors.

Marabout de Sidi-Daoudi.

Plus loin on aperçoit à gauche, de l'autre côté d'un vallon, le joli marabout de *Sidi-Daoudi*, l'antique patron de Tlemcen, supplanté par Sidi-bou-Médine. A droite, on a devant soi les débris de l'ancienne porte de Sidi-Daoudi, porte arabe construite sur les soubassements d'une ancienne porte romaine.

On rencontre bientôt une route qui franchit le ravin. Au delà se trouve, sous un massif de térébinthes énormes qui comptent leur âge par siècles, tout un groupe de marabouts, désignés ordinairement sous le nom de marabouts de Sidi-Yacoub. C'est d'abord, comme encastré dans un gros térébinthe, le marabout des poules. A certains jours, les dévotes viennent y plumer les poules consacrées au saint.

A gauche, un marabout modeste, petit enclos lilliputien haut d'un mètre, contenant des logettes où brûlent des cierges. Nous avons vu amener là un moribond qui, le cierge brûlé, croyait fermement avoir contracté un nouveau bail. Il a peut-être rendu son âme à Mahomet en retournant à Tlemcen.

Plus à gauche, se trouve un édifice plus luxueux. Enfin, au fond du tableau le charmant *Tombeau de la Fille du Sultan*; Koubba octogonale, tout à jour, avec d'élégantes arcades à festons.

En quittant cette sainte nécropole, on revient sur ses pas. Après avoir repassé le ravin, il faut s'engager à gauche à travers des jardins magnifiques, dans des chemins ombreux, dont l'ensemble a été baptisé du nom quelque peu prétentieux de « Bois-de-Boulogne ». Il n'en est pas moins vrai que certaines falaises, au pied desquelles roule le ruisseau de Kalâ, offrent des aspects extrêmement pittoresques. Le chemin que vous suivez conduit tout droit à la Gare; et la délicieuse promenade qui vient d'être décrite s'achève là. Pour peu que l'on se soit arrêté en flaneur savant à la contemplation des spectacles si variés qu'elle offre, on y aura mis trois ou quatre heures. Mais on peut la faire en une heure et demie, facilement.

Une autre promenade, fort jolie, est celle d'*Aïn-el-Houts* avec retour par *Bréa*. On fait bien d'aller directement à Ain-el-Houts. La route est très pittoresque, à travers une allée rocheuse en partie cou-

Le Minaret de Mansourah.

6.

verte de forêts d'oliviers, au fond de laquelle coule un ruisseau. Elle est un peu difficile pour les voitures, mais on en est quitte pour mettre quelques fois pied à terre : ce qui ne manque pas de charme.

La Mosquée d'Aïn-el-Houts.

Par ce chemin, la distance dépasse à peine cinq kilomètres.

Les eaux d'une source assez abondante sont recueillies dans un bassin où fourmillent de petits poissons, d'où son nom d'**Aïn-el-Houts.** Ce bassin a sa légende.

Aïcha, la fille du seigneur d'Aïn-el-Houts, s'y baignait, lorsque Djafar, le fils d'un roi de Tlemcen, chassant la gazelle dans le voisinage, la vit et s'en éprit soudain. Il la poursuivit et, pour lui échapper, la vertueuse Aïcha se précipita dans la source où elle

Ruines de l'Enceinte de Mansourah.

fut changée en poisson aux écailles éblouissantes.

Au delà du bassin, se trouve le village avec une mosquée de campagne très pittoresque. En face de la mosquée, un ravin délicieux ombragé par de grands arbres et arrosé par un ruisseau abondant. A deux cents mètres plus loin, au pied d'un marabout important, se trouve un très curieux village de nègres.

Au lieu de reprendre la même route pour le retour, il faut traverser le très agréable chemin de montagne qui conduit à Bréa (2 kilomètres environ). **Bréa** est un joli village, très riche, exclusivement habité par des Européens, dont 180 Français et 20 étrangers environ. De Bréa à Tlemcen il y a 4 kilomètres. La route est charmante. On a constamment le panorama de Tlemcen et de Bou-Médine sous les yeux, avec des premiers plans qui varient à l'infini. Si le retour s'effectue vers l'heure du coucher du soleil, le spectacle est splendide, noyé dans la pourpre. La promenade est d'environ deux heures et demie, arrêts compris.

L'excursion de Négrier est encore une belle promenade, sur une route ombragée, à travers un pays d'une incroyable fertilité. A mi-chemin se trouve un ravin dans lequel périt l'hagha des Beni-Snouss, Sidi-Abdallah, en 1856. C'est cet attentat qui amena la condamnation du capitaine Doineau.

**Négrier,** à 6 kilomètres de Tlemcen, est un joli village européen (de 170 Français et 10 étrangers). A 2 kilomètres de là se trouvent les cascades, les cavernes et les beaux jardins d'Ouzidan, village indigène. Tlemcen, aux blanches mosquées, accroché au

TLEMCEN. — FILLES BERBÈRES DES KÉFANI.

BIBLIOTHÈQUE NATIONALE R.F.

flanc des montagnes, offre, de Négrier, un panorama admirable.

**Les ruines de Mansourah,** que l'on voit à 3 kilomètres à l'Ouest de Tlemcen, rappellent un des plus curieux faits historiques de ce pays si tourmenté par les invasions, les sièges, les incursions, les évolutions et les révolutions. On a déjà vu, côte à côte, Agadir et Tagrart, dont les remparts n'étaient séparés que par la distance d'un jet de pierre, devenant plus tard une seule ville, Tlemcen. Agadir finissant par disparaître.

Voici une autre ville juxtaposée à Tlemcen par Abou-Yacoub qui, après l'avoir inutilement investi pendant sept mois, commença un siège mémorable qui devait durer huit ans et trois mois, de 1299 à 1308. Durant la quatrième année de ce siège, Abou-Yacoub a fait construire, sur l'emplacement de son camp, une ville entière, que l'historien arabe, Ibn-Kaldoun décrit ainsi :

« A l'endroit où l'armée avait dressé ses tentes, « s'éleva un palais pour la résidence du souverain! « Ce vaste emplacement fut entouré d'une muraille (1) « et se remplit de grandes maisons, de vastes édifices, « de palais magnifiques et de jardins traversés par « des ruisseaux. Cette ville reçut de son fondateur le « nom de *El-Mansourah* — La Victorieuse. »

Evacué en 1306, après la conclusion de la paix, Mansourah fut réoccupé et relevé en 1335, et revint à la vie pendant un nouveau siège de deux ans que

(1) Murailles en forme de trapèze, longues de plus de 4 kilom. et renfermant 100 hectares. On en voit encore les courtines et les tours en pisé de 1 mètre 1/2 d'épaisseur, à l'Ouest et au Nord.

Tlemcen eut à subir de la part du sultan Noir, des Mérénides. Mais lorsque les Mérénides furent, pour jamais, repoussés par les Beni-Zeiyan, ceux-ci détruisirent Mansourah, témoin de toutes les souffrances supportées par Tlemcen.

Il ne reste aujourd'hui de toutes les splendeurs de Mansourah que des portions de remparts attestant sa puissance, et la moitié d'un minaret.

A l'exemple de beaucoup de nos églises romanes et gothiques, la porte monumentale de la mosquée s'ouvrait dans la base même du minaret (clocher). Cette porte est merveilleusement décorée de sculptures.

Fendu en deux par quelque coup de foudre, il ne reste de ce minaret que la face Nord, dont les panneaux portent encore la trace d'ornements en faïence. Les arceaux des doubles fenêtres retombent sur des colonnettes en onyx.

Comme tout, dans ce pays d'Islam, doit être extraordinaire et se rapporter à l'action directe de la volonté d'Allah, les musulmans racontent que, hâtivement construit, on employa pour son édification deux chantiers, l'un composé de fidèles, l'autre de mécréants chrétiens ou juifs; et qu'Allah ne voulant pas de ce qui avait été construit par des mains impures, détruisit la partie Sud et laissa subsister la partie Nord, élevée par des mains musulmanes.

Il reste encore des traces de canalisation en pisé, et les fouilles mettent à jour de curieux vestiges de la splendeur de Mansourah.

Il faut visiter le nouveau village de Mansourah (environ 150 français et 100 étrangers) Il est renommé pour ses vignobles, dans lesquels les taches de phylloxéra ont été traitées si radicalement que le mal n'a pris aucune extension.

Mansourah-Village date de 1850. Il a ramené la vie sur cette place, cinq siècles après la destruction de la ville improvisée par les Mérénides. La propriété Havard, située entre le village et la route du Maroc, a été primée en 1886 par le jury spécial agronomique.

Pour compléter la promenade, il convient au lieu de revenir sur ses pas de remonter la rue du village jusqu'au delà de l'ancienne enceinte. Là un ruisseau, qui tombe en petites cascades sur les rochers de *Lalla-Setti* fait mouvoir une huilerie importante.

Arrivant au sommet de la colline rocheuse, où l'eau du ruisseau forme la première cascade, il faut s'orienter vers l'Est et, à quelques centaines de mètres, on voit toute une série de cascades. La source est celle d'*Aïn-Kalâ*, qui alimente et enrichit Tlemcen. Le site est charmant et pittoresque. On rentre à Tlemcen par le ravin d'El-Kalâ.

**Sidi-bou-Médine !** Pour clore la série des admirables promenades que l'on peut faire autour de Tlemcen, nous avons gardé Sidi-bou-Médine (1). Le village que nous allons visiter s'appelle en réalité *El-Eubbad*, mais il est peu connu sous ce nom.

El-Eubbad ou Sidi-bou-Médine, se voit de la gare. De là, le village et sa mosquée semblent suspendus au flanc de la montagne, entre de grands arbres. Le chemin qui y conduit est pittoresque d'un bout à l'autre. Presqu'au sortir de la ville par la porte Bou-Médine, on s'engage dans un chemin ombreux, qui conduit d'abord au champ des morts où l'on a enseveli depuis des siècles les gens de Tlemcen, génération sur génération. Beaucoup d'hommes distingués ont leur sépulture dans ce cimetière et sur les côtés du chemin qui mène à Bou-Médine ; mais toutes tombent en ruine, les musulmans ne réparant jamais rien. Avant d'aller plus loin, jetez un coup d'œil sur le cimetière qui se trouve à la bifurcation des chemins. Vous y verrez des tombes curieuses dont les pierres sont littéralement enluminées. En sortant de la porte de ce cimetière, il faut prendre le chemin à droite. Quelques rares monuments en ruines se trouvent sur la route. A gauche, la koubba de *Sidi-Iacoub* et, à droite, celle d'*Es-Senouci*, recouverte en tuiles (ce qui est l'exception). A l'intérieur de cette koubba se trouve un riche catafalque, orné d'étoffes précieuses, de tapis et de bannières. Sidi-Mohammed-es-Senouci était un savant distingué, décédé en 1489. Son frère, le jurisconsulte, repose à côté de lui.

Un peu plus loin vous verrez, à gauche, les ruines

(1) Abou-Médian, et Bou-Médine par corruption.

d'une élégante koubba, aux arcades en festons, où repose le marabout *Abou-Ishac-Ibrahim*, surnommé *El-Tiyar* (le volant, l'homme-oiseau), parce qu'il passait pour avoir la faculté de se transporter instantanément d'un endroit à un autre, par enchantement.

On s'engage alors dans un véritable chemin creux, dont les talus sont couverts d'aloës, de figuiers de Barbarie et d'arbres qui les couvrent de leurs rameaux.

Encore quelques pas, et l'on entre dans l'unique rue de El-Eubbad, village arabe noyé dans la verdure, arrosé par l'eau vive d'un ruisseau. Des restes d'édifices arabes importants, dont les arcades en briques rouges sont encore visibles, attestent la splendeur passée de cette ville maraboutique. Mais la rue se resserre et, tout en haut, l'on voit s'élever l'élégant et riche minaret dont les faïences étincellent au soleil; aux portes des maisons, des femmes et des enfants forment des groupes charmants et semblent heureux de vivre au milieu de jardins où la nature s'est montrée prodigue de tous ses dons. C'est l'ombre et la fraîcheur sous ses massifs d'oliviers, de figuiers, d'amandiers, de citronniers, de grenadiers, de pruniers, d'abricotiers et de pommiers. Jadis grande ville, El-Eubbad, peu à peu envahie dans sa partie basse par le grand cimetière, est réduit au village qui entoure les édifices témoins de son antique splendeur. C'est, dit M. Brosselard, à l'extrémité Est et au point culminant du village actuel qu'il faut chercher les monuments en renom. Ils sont au nombre de trois, réunis en un seul groupe : le *tombeau* du marabout Sidi-bou-Médine, la *mosquée* et la *Médersa* placées par

BIBLIOTHÈQUE NATIONALE R.F. IMPRIMÉS

les musulmans sous l'invocation du saint personnage dont voici l'histoire en quelques lignes :

Choaïb-Ibn-Hussein-el-Andaloci, surnommé Abou-Médian (dont on a fait Bou-Médine), naquit à Séville au commencement du XIIe siècle. Destiné à la profession des armes, il inclina vers la science et suivit les écoles de Séville et de Fez.

Appelé par le sultan Iakoub-el-Mansour, il se rendait à ses ordres, lorsqu'arrivé à Aïn-Tekbalet et voyant le couvent (*ribat*) d'El-Eubbad, il s'écria : « Combien ce lieu est propice pour y dormir en paix l'éternel sommeil ! » Le lendemain, arrivant à l'Oued-Isser, il mourut subitement. Ses dernières paroles furent : « Dieu est la vérité suprême ! »

Son corps fut porté à El-Eubbad, où il est enterré. Le mausolée qui lui fut élevé subsiste encore.

On y parvient par une porte à auvent en bois, peinte de toutes les couleurs. Cette porte s'ouvre sur une petite galerie dallée en faïence. Il faut descendre quelques marches pour arriver à la koubba, dans une petite cour mauresque charmante. Là repose depuis plus de six siècles, dans une châsse en bois sculpté recouverte d'étoffes précieuses, l'*ouali* Bou-Médine, le Pôle (*K'obt*), l'Unique (*R'out*), le recours suprême des affligés. Cette koubba impressionne réellement.

Un des disciples de Bou-Médine repose à ses côtés.

La mosquée n'est pas moins riche que la koubba. L'entrée donne également dans le couloir central. Le portail en arcade est décoré de mosaïques, de faïences et d'inscriptions arabes. Un escalier de 11 marches conduit à la porte en bois de cèdre, revêtue de lames de cuivre ouvrées. Le marteau, les gonds, les anneaux et les pentures sont également en cuivre et richement travaillées. Elle a été, dit-on, faite aux frais d'un espagnol captif pour prix de sa liberté.

A droite du portail s'élève un superbe minaret couvert de faïences. On y monte par 92 marches. De la plate-forme le panorama est merveilleux.

Si l'on pénètre, on arrive à un portique, ou cloître, qui conduit à la porte du minaret. La cour dallée en faïence, avec une vasque en marbre pour les ablutions, a 12 mètres de côté. L'intérieur de la mosquée proprement dite est divisée en 8 travées d'arcades. Le dessous du portique et les murs de la mosquée sont couverts de fines sculptures en plâtre, de même que l'arcade du Mihrab, qui est soutenu par deux colonnes en onyx. Ces sculptures ne le cèdent en rien à celles de l'Alhambra, pour l'élégance et la finesse. Ce sont de pures merveilles.

A côté de la mosquée se trouve la *Médersa*, jadis destinée au logement et aux études des étudiants en théologie, était aussi richement orné que la mosquée. Elle est dans un état de délabrement complet.

L'ensemble formé par la koubba, le minaret, la mosquée et la Médersa est un spécimen unique de l'art mauresque dans son expression africaine.

Si l'on peut faire concorder l'excursion de Bou-Médine avec l'une des grandes fêtes musulmanes, par exemple avec celle du *Mouloud* (anniversaire du prophète), le spectacle devient féerique. On y voit alors des processions sans nombre; et, par milliers, les jolies fillettes de Tlemcen, coiffées de leurs petits cônes rouges et dorés retenus par des jugulaires métalliques, et vêtues de longues robes de damas et de brocard aux riches couleurs, brodées d'or et d'argent, serrées à la taille par une large ceinture dorée.

## L'EXCURSION DE TLEMCEN

Il est, en vérité, fort difficile de donner un conseil précis sur l'époque qu'il convient de choisir pour visiter Tlemcen : tout le monde n'étant pas rentier et libre dispensateur de ses heures de loisir. Les uns ont des vacances à dates fixes, comme les universitaires et les gens de palais ; d'autres, industriels et commerçants, doivent attendre la saison morte pour vivre de grand air ; d'autres attendent la fin de quelque travail. Ce qui fait que l'on ne peut formuler un plan unique pour des loisirs aussi... variés.

Certes, le voyage qui aurait Tlemcen pour objectif remplirait admirablement la quinzaine de jours que taillent les vacances de Pâques aux gens de robe ou d'enseignement et aux parents des élèves. C'est la saison de la flore admirable des pays du Nord-Africain ; où les coquelicots et les mille et mille fleurs font des tapis merveilleux à une époque où, chez nous, la jacinthe écarte timidement ses feuilles lancéolées pour montrer des boutons frileux qui n'osent s'épanouir.

Aller en Algérie en mars et avril, c'est se donner deux printemps successifs. L'on y voit fleurir les lilas, les acacias et cent autres arbres qui fleurissent de nouveau pour vous lors du retour en France. Deux fois les lilas la même année ! C'est à considérer.

Les vacances de Pâques sont bien suffisantes pour ce voyage. Deux jours pour aller à Oran, soit directement par mer, soit par Alger ; autant pour le retour. Il reste environ dix jours à consacrer à Oran, à Bel-Abbès et à Tlemcen, avec ses merveilleux environs.

Pour les grandes vacances, que l'on veut avancer d'un

Les Courses de Lalla-Marnia. — Fantasia des Goums.

mois, elles ne tomberaient pas bien pour les écoliers et les universitaires des lycées, le voyage d'Afrique en juillet n'étant pas à conseiller. Mais, pour les universitaires des Facultés et pour les gens de Palais, qui ont septembre et octobre à eux, c'est une autre affaire. Leur temps de liberté et la saison des fruits exquis de l'Oranais cadrent fort bien. On peut, sans craindre de reproches, leur conseiller de prendre trois semaines ou un mois pour visiter la province d'Oran.

Mais, à ceux qui sont libres de leur temps, nous conseillerons de placer leur choix entre le 15 septembre et le 15 novembre. C'est dans cet espace de deux mois que s'accumulent les fêtes d'automne, les Courses de Lalla-Marnia et de Tlemcen ont lieu en octobre. C'est en octobre que la vie est la plus active dans le monde indigène ; c'est, après récolte faite, et lorsque es bourses sont garnies, que se font les curieuses « fiancailles aux lanternes » des indigènes Tlemcénois. C'est alors que, la nuit tombée, l'on voit monter, de la ville arabe jusqu'à la promenade du Méchouar, des cortèges aux mille feux dont on entend de loin la musique, les chants et les cris. C'est la promenade du fiancé, à cheval, sans étriers, les yeux bandés, que les loustics cherchent à désarçonner en faisant caracoler la monture. L'image des difficultés et de l'imprévu du mariage ! Un fiancé désarçonné est impitoyablement repoussé comme inapte. C'est un spectacle répété jusqu'à trois ou quatre fois par soirée, et amusant entre tous. Une vraie comédie, qui se voit surtout après les récoltes. On se marie à Tlemcen..... quand on a le temps... et de l'argent.

Donc, les courses, les mariages et les fêtes religieuses musulmanes et juives sont accumulés entre le 15 sep-

LES CAVALIERS DE L'AMEL D'OUDJDA (MAROC).

BIBLIOTHÈQUE NATIONALE R.F.

tembre et le 15 novembre. Et l'on fera bien de choisir cette époque pour voir la vie arabe dans sa plus belle expression (les fantasias aux courses, les mariages, et les beaux costumes des fêtes religieuses, avec l'éloquence de la poudre à la clé), dans des cadres magnifiques, comme Tlemcen et Bou-Médine.

Et c'est aussi en octobre, à l'occasion des courses de Lalla-Marnia, sous la protection et la direction du commandant-supérieur militaire, la fameuse promenade en caravane à Oudjda.

Une plaine immense sépare Lalla-Marnia d'Oudjda, coupés par deux oueds et entourée des montagnes. La distance est de 25 à 27 kilomètres. La frontière de l'Algérie et du Maroc est au milieu de cette plaine. A quel point? Nul ne le saurait préciser. C'est une frontière indécise.

Mais comme l'Amel d'Oudjda et le commandant supérieur de Marnia sont en correspondance quotidienne, on a déterminé un point où les cavaliers de l'un et de l'autre échangent les plis dont ils sont porteurs.

A ce point, au beau milieu de la plaine, un cafetier maure a élevé un gourbis, décoré aujourd'hui du nom de « poste d'échange ». Nous en donnons un dessin à la fin de ce paragraphe.

La caravane fait une halte devant ce café pittoresque et chacun de savourer le moka traditionnel.

Oudjda, où parviendra un jour le chemin de fer, espérons-le! est la première ville du Maroc, la frontière algérienne passée. La caravane est généralement hébergée par l'Amel (caïd marocain) d'Oudjda, qui lui offre une plantureuse diffa. On voit alors la différence de costume entre les Algériens et les Marocains. Ceux-ci, avec des burnous plus amples, et beaucoup de rouge vif dans le costume, sont coiffés de petites calottes rouges coniques qui ne couvrent que le sommet du crâne, terminées par une petite houppe bleue, remplaçant le gland traditionnel qui balaye les épaules des Algériens et des Tunisiens.

Lalla-Marnia, où se trouve un bon hôtel, l'hôtel de France, est un poste militaire de premier ordre créé en 1844, au moment de la campagne entreprise contre l'empereur du Maroc et si glorieusement close par la bataille de l'Isly, gagnée par le maréchal Bugeaud à 8 kilomètres de là. Il faut tâcher d'y arriver un dimanche, jour de marché. On y voit parfois jusqu'à 15.000 moutons. Ce marché offre un coup d'œil intéressant. Lalla-Marnia est relié à Tlemcen par une grande et belle route qui traverse des pays pittoresques. On peut louer une voiture qui coûtera de 20 à 30 francs par jour, selon l'époque (lors des courses, les prix s'élèvent). Divisé en trois ou quatre, le prix n'est pas excessif.

Poste d'échange entre le Maroc et l'Algérie.

## EMPLOI DU TEMPS

POUR L'EXCURSION DE TLEMCEN

1er jour : d'Oran à Bel-Abbès, voyage et séjour ;

2e jour : De Bel-Abbès à Tlemcen, avec visite à Lamoricière et Aïn-Tellout ;

(A *Tlemcen*, excursions le matin et promenades en ville ou près de la ville l'après-midi) ;

3e jour : promenade du matin : le cimetière israélite, le *Kéfani*, *Mansourah* et retour par les cascades de l'Oued-Kalâ. L'après-midi : visite de la *grande Mosquée* et de la Mosquée de *Sidi-Abou-l'Hassen*, toutes deux sur la place de la Mairie et d'Alger ; parcours de la rue de Mascara avec visite de la *Kessaria* à gauche ; sortie par la porte *El-Djiad ;* Mosquée de l'*Hassen* et village nègre à gauche ; un peu plus loin, mosquée d'*El-Haloui*. Retour, à droite de la mosquée de l'Hassen, et chemin des *Tanneries*, *Agadir*, *Marabout* de *Sidi-Daoudi*, le *tombeau de la Fille du Sultan*, retour par le *Bois-de-Boulogne*. Il faut environ quatre heures pour cette promenade (que l'on peut faire en deux fois, si le temps ne manque pas).

4e jour : le matin : promenade en voiture à *Aïn-el-Houts*, retour par *Bréa ;* promenade à *Négrier* et *Ouzidan*.

L'après-midi, visite au *Grand-Bassin*, promenade du boulevard du Nord, et du boulevard Sidi-Halouï, jusqu'à la rue de Mascara, qu'il faut remonter jusqu'à la rue Basse, à gauche. Celle-ci conduisan àt la place des Victoires. Retour à l'Esplanade par la rue du Théâtre. Visite du *Méchouar ;* puis, promenade dans le quartier juif, près de l'hôtel de France et visite d'une maison juive.

5e jour : excursion (en voiture, 8 kil.) aux belles cascades d'*El-Ourit*. A 2 ou 3 kilomètres de là se trouve *Aïn-Fezza*, siège de l'administration d'une commune mixte. De là, à pied, visite aux *Grottes des Hal-el-Oued* (aller et retour, de Tlemcen à Aïn-Fezza, avec arrêts, de 8 à 10 francs). Cette excursion prend toute la matinée de sept heures à midi.

L'après-midi, visite à Bou-Médine.

6e et 7e jour (s'il y a lieu) voyage de Lalla-Marnia (52 kil.) ; et, en y ajoutant un jour ou deux, excursion à Oudjda (Maroc).

L'on peut donc bien voir Tlemcen en cinq ou six jours, et compléter la dizaine soit en allant à Lalla-Marnia, soit en revenant à *Tabia*, pour, de là, parcourir l'embranchement qui conduit à *Raz-el-Mâ*.

Cascade d'El-Ourit.

# EXCURSION A SEBDOU

Joueurs d'échecs à Sebdou.

L'on ne saurait s'arrêter quelque temps à Tlemcen sans pousser une pointe jusqu'à Sebdou.

Sebdou est situé à 38 kilomètres à l'extrémité Ouest de la plaine des Oulad-Ouriach, et à 48 kilomètres Sud-Ouest de Lamoricière.

Le village a été bâti sur un petit plateau légèrement incliné de l'Est à l'Ouest, vers l'Oued-el-Hadjar.

La population européenne s'élève à 504 habitants.

La surface du territoire a une étendue de 94,905 hectares peuplés de 12,575 habitants, dont la majeure partie est d'origine berbère. Sebdou n'a pas une grande importance commerciale ; cependant l'halfa est très abondant dans la région qui s'étend vers El-Aricha.

Une bonne route permet de se rendre de Tlemcen à Sebdou en trois heures, en passant par le plateau de Terni (1,380 d'altitude).

On peut aussi aller à Sebdou en remontant, à partir de Lamoricière, le cours de l'Isser, par la vallée des Beni-Smiel et en redescendant ensuite le cours de l'Oued-Merbah, après avoir passé au col de Sidi-Aïssa.

Sebdou portait autrefois le nom de Tafaroua, sous

Le Tunnel de la Saf-Saf.

lequel est encore désignée la plaine qui s'étend de l'Est jusqu'à Aïn-Tibouda; mais du temps d'Abd-el-Kader, il prit le nom de Sebdou (la lisière), sans doute parce qu'il faisait partie de cette ligne de postes fortifiés que l'Emir avait élevés sur la lisière du Tell.

On voit encore, dans la redoute en terre élevée par Abd-el-Kader, une construction rectangulaire en mauvaise maçonnerie, en ruines, qui porte le nom de maison du Caïd. C'était le blockhaus de l'Emir.

Après la prise de Tlemcen, en 1842, El-bou-Hamedi, Khalifat de l'Ouest, avait emmené avec lui une partie des habitants de Tlemcen et les avait contraints à le suivre jusqu'à Sebdou. Cette misérable population, mourant de faim, manquant de tout, avait dû se loger dans des grottes, sortes de tanières que l'on peut voir sur les deux rives de la Tafna et, notamment, aux abords du pont actuel.

Ces fuyards furent ramenés deux mois après à Tlemcen par le général Bedeau, qui, avec le concours des goums de Mustapha-ben-Ismaël, avait pacifié toute la contrée des Beni-Snous voisine de Sebdou.

C'est à la suite de cette expédition que le centre de Sebdou fut fondé. La construction du fort date de 1844. Le général Cavaignac affectionnait particulièrement cette résidence; et l'on y montre encore le chêne gigantesque sous lequel il tenait sa *hacouma* (audience publique) et rendait la justice, à l'exemple de saint Louis.

Après le combat de Sidi-Brahim, les Ouled-Ouriach se révoltèrent et assassinèrent le commandant Billot, qui était venu, accompagné de quelques hommes, leur réclamer un troupeau volé. Sous le coup d'une sévère répression, les Ouled-Ouriach s'enfuirent au Maroc,

Le Pont métallique et le Tunnel de la Saf-Saf.

d'où ils revinrent en 1846 après avoir reçu l'aman.

Depuis cette époque aucune révolte ne s'est produite sur le territoire de Sebdou. — A 14 kilomètres de Sebdou, vers la frontière du Maroc, se trouve le Marabout de Sidi-Yahia, nommé aussi le Marabout Vert, à cause de la couleur des tuiles vernissées qui recouvrent la kouba. Il est établi sur un mamelon dominé au Sud par le Coudiat-el-Ressas (la montagne de plomb), et au Nord par le Kef-el-Koudjou, escarpement sur les flancs duquel on a ouvert des galeries de recherche de minerai de plomb (galène argentifère) assez abondant.

La kouba de Sidi-Yahia a cinq coupoles dont la partie centrale est supportée par de grossiers piliers en maçonnerie.

La kouba est précédée d'une cour autour de laquelle sont disposées des chambres de refuge pour le gardien et pour les passagers, qui trouvent là un asile inviolable pour y passer la nuit. Cela paraît d'autant plus utile que le territoire tourmenté et difficile de Sebdou a servi de passage de tout temps aux incursions de maraudeurs venus du Sud-Ouest.

A 4,200 mètres au nord de Sebdou, et bordant la route de Tlemcen, on trouve dans la plaine de Djenan-el-Ferar les Kbour-Djaël ou Kbour-el-Djebabera (tombeaux des géants) dont on n'a pu encore indiquer l'origine. Ce sont des tas de pierres occupant une grande surface; ou des murs de pierres sèches formant des quadrilatères de 20 à 30 mètres de côté.

Le terrain, en remontant brusquement au Nord de Djenan-el-Ferar, forme un ressaut gigantesque, courant de l'Ouest à l'Est, percé de vallons entrecoupés de promontoires saillants et élevés que l'on connaît sous la dénomination des Douze Apôtres, nom que nos soldats, dans leur style imagé, ont donné à ces sortes de bastions de calcaire bleu, gigantesques piédestaux paraissant préparés pour de colossales statues.

Dans l'une des petites vallées formées par les Apôtres, sur les bords de la route de Tlemcen et près d'une maison cantonnière, s'ouvre une caverne dont la voûte est formée par les assises disloquées des bancs de calcaire. L'entrée de cette grotte, dont la hauteur est de plus de 10 mètres, est à demi-masquée par le feuillage de quatre micocouliers : c'est la source de la Tafna. Elle se trouve à 7 kilomètres au Nord de Sebdou au pied du *Djebel-Merchiche*. Les indigènes donnent à cette source le nom d'*Aïn-Habalat*. En arrosant le pays qu'elle traverse, elle lui donne la fertilité et permet la culture des plantes maraîchères.

Des chutes très élevées sur les bords de la route ont été utilisées pour l'établissement de deux moulins, l'un européen, l'autre arabe, situés à 30 ou 40 mètres l'un de l'autre. Ce dernier, actionné par une vieille turbine, est, dit-on, un moulin installé par Abd-el-Kader.

Chien arabe.

## LES BENI-SNOUS

Cavalier des Béni-Snous.

La tribu des Beni-Snous, composée de Berbères réunis en confédération et habitant des villages où ils n'admettent aucun étranger, occupe un vaste territoire à 25 kilomètres au Sud-Ouest de Tlemcen, et va toucher le Maroc.

Les Beni-Snous habitent la vallée très étroite que forme la Haute Tafna à l'Ouest de Sebdou et la vallée secondaire de l'oued Khamis, affluent de la Tafna, qui vient de la frontière du Maroc. Le territoire de ces deux vallées se trouve compris dans le triangle formé par Sebdou, Mazer et Sidi-Medjaed, point où les premières gorges de la Tafna s'élargissent pour déboucher dans la plaine de Marnia.

Le bassin de la première partie de la vallée de la Tafna est large, régulier, dominé par de hautes montagnes qui renferment des gisements miniers. Les bas-fonds sont plantés d'oliviers vigoureux et couverts de cultures et de jardins potagers.

Plus loin, entre les villages des Azaïls et le Kef, la vallée se rétrécit et les escarpements deviennent de plus en plus abrupts.

L'un deux, près du village du Kef, sur la rive droite,

forme un hémicycle dont les gradins stratifiés représentent de puissantes assises de rochers en retrait les unes sur les autres.

Ce cirque, qui domine la Tafna à trois cents mètres de hauteur, a trois kilomètres de diamètre. C'est un passage difficile que les cavaliers ne franchissent pas sans appréhension.

Les villages y sont très nombreux et se touchent presque. Ils sont au nombre de vingt, sur une superficie de 34,600 hectares.

Les Beni-Snous sont divisés en trois fractions. Les *Azaïls*, le *Kef* et le *Khamis*.

Nous ne nous occuperons que des Azaïls, plus particulièrement connus sous la dénomination de Beni-Snous. Ils occupent sur les bords de la haute Tafna, entre Sebdou et le Kef, une magnifique vallée complantée d'oliviers séculaires, arrosée de plusieurs petits cours d'eau et alimentée par de très belles sources d'eau vive et limpide, autour desquelles s'étalent des vergers et des jardins potagers de toute beauté.

Les touristes qui voudront visiter cette intéressante et remarquable partie de l'arrondissement de Tlemcen, pourront y accéder par deux voies principales.

En voiture, par la route de Tlemcen à Sebdou, qui traverse à son origine le beau village et les ruines de Mansourah.

Après la côte de Zarifet, on quitte la route de Sebdou pour se diriger vers *Ahfir*, magnifique forêt de chênes-lièges en pleine exploitation.

On traverse cette forêt pendant quelques kilomètres sur une route taillée à flanc de coteau. Après une descente des plus pittoresques, au milieu de laquelle se trouve le plateau d'*El-Oguiba*, arrosé par les sources d'Aïn-Kerma (1) et d'Aïn-Derdar (2) on débouche dans la plaine des Beni-Snous, en franchissant la Tafna sur un pont en pierre à trois arches, construit par le Génie Militaire.

Du côté de Sebdou, on peut arriver aussi aux Beni-Snous par un chemin muletier de 15 kilomètres, qui traverse la chaîne de Tissidelt et du Djebel-Mohazib. On passe d'un versant à l'autre par le Téniet (col) d'El-Libel, point stratégique qui domine d'une grande hauteur les villages de *Tefssera*, *Tléta* et *Zahra*, sur la rive gauche de la Tafna. On peut aussi arriver de Sebdou dans la vallée des Beni-Snous par un chemin longeant la rive droite de la Tafna et passant par Aïn-Beurd et les Silos.

Les villages des Azaïls sont au nombre de trois sur la rive gauche : **Tefssera, Tléta** et **Zahra,** et un sur la rive droite : **Beni-Bahdel.**

Les trois premiers sont situés au pied des montagnes qui séparent les Beni-Snous des Oulad-en-N'har. Ils sont arrosés par de belles sources et entourés de nombreux jardins et vergers.

Le quatrième est perché sur un plateau rocheux très escarpé et à pic sur la rive droite de la Tafna.

Les habitants sont cultivateurs et pasteurs. Intelligents, industrieux, ils se livrent à la fabrication des *flidgs*, grandes bandes en laine et en poil de chameau, de soixante centimètres de largeur, que l'on assemble pour former les tentes de campement et les grands sacs qui servent au chargement des chameaux et des

(1) Source des Figuiers.
(2) Source des Frênes.

mulets, qui s'appellent : *tellis*. Ils fabriquent aussi une espèce de natte en sparterie avec dessins en laines multicolores d'un travail remarquable. La solidité du tissu végétal, la richesse et la variété des couleurs des dessins de la laine rendent ces nattes dignes de figurer dans les appartements les plus élégants.

Autrefois, ces tapis qui mesurent quatre mètres de long sur deux mètres de large, valaient à peine de

Jeune fille berbère à l'abreuvoir.

15 à 30 francs. Aujourd'hui leur prix a presque doublé.

On y fabrique aussi de la poterie commune, une grande variété de plats à couscouss et de coupes en bois de frêne. Les burnous et haïks confectionnés aux Beni-Snous sont très appréciés.

**Tefssera,** le village le plus rapproché de Sebdou, à flanc de coteau, est noyé dans la verdure. Ses jardins en gradins sont couverts d'une végétation luxuriante. Il se compose de cinquante à soixante maisons couvertes en terrasses et précédées de cours suivant le système des constructions kabyles. Elles sont pour la plupart badigeonnées de couleurs tendres.

On y remarque une jolie Mosquée surmontée d'un Minaret à mosaïques de faïence, et une école arabe où les enfants étudient les préceptes du Coran et reçoivent une instruction primaire assez soignée.

Le village de **Tléta** est situé plus à l'Ouest, à environ deux kilomètres de Tefssera. Il est à peu près de la même importance que le précédent et possède une assez grande Mosquée. L'eau y coule à pleins bords à l'aide de canaux intelligemment aménagés.

Le troisième village, **Zahra,** à 1,500 mètres à l'Ouest du précédent, est presque exclusivement composée des Khrammès et des serviteurs de l'agha Si Ahmed-ben-Abdallah, dont la maison de campagne est située au fond d'un vallon, entourée de jardins arrosés par une source, dont les eaux vives donnent à la végétation une vigueur remarquable.

Dans les prairies ombragées par de gros oliviers se trouve une jumenterie, où l'agha élève des chevaux de grande valeur.

La maison de l'agha est précédée d'un avant-corps de bâtiments entourant une vaste cour au fond de laquelle se trouvent les écuries.

Une seconde cour intérieure, entourée d'une colonnade en maçonnerie et ornée d'une fontaine, précède la salle de réception tendue d'une tapisserie marocaine en drap rouge et vert. On y remarque des panoplies d'armes de toute sorte, révélant le bon goût et les sentiments artistiques du maître de la maison.

L'agha des Beni-Snous est un homme d'une éducation parfaite et d'une rare courtoisie. Nous avons fait, en sa compagnie, le long voyage d'Oran à Tunis, en 1887. Comme il parle notre langue avec une grande pureté, sa conversation nous a mieux fait connaître les choses d'Afrique que n'eût pu le faire la lecture de vingt volumes. De sa conversation, si attachante, nous avons retenu certain éloge que Si Ahmed-ben-Abdallah nous fit de sa mère, une femme vénérée, dans des termes empreints d'une grandeur toute biblique. Il est inutile d'ajouter que l'on trouve sous son toit la plus cordiale hospitalité.

Sur un plateau situé au-dessus et à l'Est du village de Tléta, on voit les ruines d'une forteresse démantelée : bordj Rouman (château romain). Il est difficile de déterminer l'origine de ces ruines, qui ont plutôt le caractère des constructions berbères.

**Beni-Rahdel.** Le quatrième village des Azaïls est situé presque en face de Zahra, sur la rive droite de la Tafna, et à cent mètres au-dessus de la rivière.

On passe la Tafna à gué pour atteindre un petit sentier qui monte en serpentant jusqu'au village. Ce petit centre de population est bien le type du village berbère. Les rues sont étroites et escarpées ; les maisons petites et basses, pittoresquement perchées sur des rochers à pic dominant la rivière ; le village entier est pris entre une énorme roche, qui le couvre au Nord, et l'abîme profond qui le défend au Sud.

Il est entouré de bois d'oliviers, de thérébinthes et de genévriers. Un sentier abrupt conduit de là sur le plateau d'El-Oguiba à l'Est. Un autre, non moins accidenté, conduit au Kef.

Enfin une route muletière, parfois très difficile, longe la rive gauche de la Tafna en partant de Zahra, passe devant le Kef, dessert Sidi-Medjaed et débouche dans la plaine de Marnia, qu'elle traverse jusqu'à ce poste militaire.

Si cette route était carrossable, tous les produits végétaux et minéraux que renferme le territoire des Beni-Snous, pourraient être embarqués à Nemours.

Arabes des Beni-Snous.

## EMBRANCHEMENT DE TABIA A RAZ-EL-MA

Traversée de la Forêt de Magenta.

Par une erreur assez répandue à Oran, et même à Bel-Abbès, on regarde la ligne de Raz-el-Mâ comme dénuée d'intérêt pour le touriste.

Cette ligne est cependant fort intéressante, car elle traverse, sur une grande longueur, une des rares forêts véritablement dignes de ce nom; et qui ne soit pas un amas de broussailles plus ou moins touffues, usurpant le qualificatif forestier.

Elle est probablement la seule ligne de l'Algérie qui permette de passer par transitions insensibles de la région cultivée du Tell, rappelant les paysages du midi de la France, à la région des Hauts-Plateaux, qui font pressentir le désert. Tandis que, sur la ligne d'Arzeu à Aïn-Sefra par exemple, on passe brusquement, au sortir de Saïda, du Tell sur les hauts plateaux en gravissant brusquement la montagne et en prenant pour ainsi dire d'assaut le pays de l'halfa et les plaines immenses au delà desquelles s'ouvre l'inconnu, la vallée de la Mékerra, que suit sur tout son parcours la ligne de Raz-el-Mâ, y conduit le voyageur par des pentes douces; et, pour ainsi dire, sans qu'il s'en aperçoive.

Au sortir de Tabia, la ligne de Raz-el-Mâ descend rapidement, pour la traverser, dans la plaine de Tiffilès. Complètement couverte de broussailles avant la construction du chemin de fer, cette plaine est aujourd'hui défrichée sur la plus grande partie de son étendue. Les fermes remplacent les rares gourbis qui jalonnaient autrefois la route du cavalier qu'un caprice avait conduit au milieu de ces espaces abandonnés, et sont un témoignage visible de la puissance colonisatrice des voies ferrées.

Le train, traversant la plaine du Nord au Sud, se dirige vers des montagnes qui semblent devoir lui barrer le chemin, et se rapproche de la rive gauche de la Mékerra qu'il ne quittera plus jusqu'à Bedeau.

Remarquez au passage, en avant du hameau de Tiffilès et sur la droite, un bordj carré. C'est là que de malheureux colons de Ben-Youb (*Chanzy*) poursuivis par les Arabes lors de l'insurrection de 1865, furent massacrés sous les yeux des soldats enfermés dans le bordj, impuissants à les secourir, et n'osant tirer sur les bourreaux de peur d'atteindre les victimes.

Nous traversons les jardins de Tiffilès. Après avoir entrevu, au milieu d'un bouquet de verdure, la kouba de Sidi-Ali-ben-Youb qui donna son nom à cette région, nous arrivons à la Gare de **Chanzy.** Cette gare dessert le hameau de Tiffilès que nous venons de traverser, ainsi que le village qui s'appelait autrefois Sidi-Ali-ben-Youb auquel on a donné depuis le nom de l'illustre soldat qui a laissé dans la province d'Oran, et surtout à Bel-Abbès, le souvenir inoubliable de son long séjour dans la région.

Le village de Chanzy, situé sur la rive droite de la Mékerra, à 1,500 mètres environ en amont de la station, est un des centres agricoles les plus prospères de la contrée. Assis à flanc de coteau, sur la lisière de la forêt de Magenta, au pied des contreforts boisés qui limitent à l'Est la vallée de la Mékerra, ce village s'étend le long de la route du Télagh, centre d'une commune mixte importante, située en pleine forêt, à vingt-cinq kilomètres en amont.

A 800 mètres environ de Chanzy, au Sud-Est, se trouvent des ruines romaines : un rectangle de 180 mètres sur 170 mètres, présentant les fondations d'un mur de $0^{m}80$ d'épaisseur. Ce bâtiment est partagé en deux parties égales par un mur de refend. Ce fut sans doute là un poste-frontière qui avait pour garnison « l'aile I Auguste des Parthes » ainsi que l'attestent les inscriptions gravées dans deux pierres trouvées là, et qui forment aujourd'hui pilastres à la porte d'entrée du jardin du Cercle militaire de Sidi-bel-Abbès.

A un kilomètre environ de ces ruines, se trouve une source thermale autour de laquelle on remarque des vestiges de piscine romaine. Cette source, connue sous le nom d'Aïn-Sroun, ou mieux Aïn-Srana (la source chaude), débite environ dix mille litres par minute; sa température est de 22 à 25°. Elle sourd au milieu du plateau cultivé qui sépare la Mékerra des montagnes jurassiques de la rive droite. De l'autre côté de la rivière, presque en face de l'Aïn-Srana, à quelques mètres à droite de la voie ferrée, on rencontre une autre source également très abondante (neuf mille litres par minute), mais dont la température est un peu plus basse. Cette source, connue sous le nom d'Aïn-Mekareg, prend naissance à l'extrémité d'un pli de terrain couvert de lentisques et de jujubiers, dans un site assez pittoresque.

Ce sont là deux excursions faciles et intéressantes.

La gare de Chanzy est bâtie au pied d'un contrefort rocheux d'un assez joli aspect, tout couvert d'oliviers stériles. Ce coteau, de formation jurassique, est exploité depuis longtemps comme carrière de pierre de taille. Cette pierre est d'un gris violet. Les colonnes du porche de l'hôtel de ville de Sidi-bel-Abbès sont extraites de ces carrières et font voir que la pierre de Chanzy peut prendre le poli du marbre.

En quittant la gare de Chanzy, la ligne, laissant à gauche une grande minoterie, aux allures de forteresse, à laquelle les eaux d'Aïn-Srana fournissent la force motrice et qui est le seul établissement industriel de cette région essentiellement agricole, traverse le chemin qui relie le village de Chanzy à la route départementale de Sidi-bel-Abbès à Magenta. Elle suit les bords bien cultivés de la Mékerra.

Peu à peu les cultures disparaissent pour faire place aux broussailles; et, après avoir passé devant l'Aïn-Mekareg, dont nous venons de parler, nous entrons insensiblement dans cette belle forêt de Magenta, si délaissée et si digne pourtant d'attirer le visiteur. La vallée se resserre, la ligne du chemin de fer éventre

La source d'Aïn-Srana.

des contreforts rocheux couverts de pins, de lentisques et de thuyas au pied desquels coule, sur son lit de gravier, entre des berges garnies de lauriers roses, l'eau limpide de la Mékerra. On aperçoit cette jolie rivière entre deux tranchées, dans des échappées charmantes. Ce paysage de pleine forêt, si rare en Algérie, va s'offrir à nous sur un parcours de trente kilomètres sans jamais lasser nos yeux habitués aux vastes étendues dénudées ou couvertes de ces maigres broussailles qui poussent sur la plus grande partie du territoire non encore cultivé du département d'Oran.

Nous traversons **Slissen,** petit village en voie de formation, perdu au milieu des bois, dont la station dessert le centre du Télagh situé à 17 kilomètres à l'Est.

L'eau se fait plus rare dans la Mékerra ; elle disparaît même parfois pour reparaître après avoir suivi un cours souterrain. Les rochers de la rive droite avancent jusqu'auprès de la voie leurs falaises à pic. Ils s'écartent ensuite pour former le beau cirque boisé de **Magenta,** entouré de montagnes au sommet desquelles se trouve le poste militaire de Daya.

Ces montagnes élevées, couvertes de grands arbres et de lentisques, jettent leurs contreforts jusqu'auprès de la Mékerra, dont le cours dirigé jusqu'ici suivant une ligne à peu près parallèle au Méridien, va maintenant remonter de l'Ouest à l'Est jusqu'aux abords de Bedeau.

C'est au pied d'un de ces contreforts que prend naissance la source de Aïn-Left, dont les eaux bienfaisantes (500 mètres cubes par jour) s'écoulent aujourd'hui au milieu du village de Magenta. Les habitants de ce malheureux village, éprouvés par la fièvre, s'efforcent de tirer d'une terre ingrate une maigre récolte ; on est bien forcé de reconnaître qu'au point de vue de la colonisation le centre de Magenta, créé surtout, paraît-il, dans un intérêt stratégique qui n'existe plus depuis la création de la redoute de Bedeau, n'a été qu'un essai malheureux.

Ce village, presque abandonné, est comme une tache au milieu du riant tableau que présentent les croupes boisées descendant du haut de la chaîne de Daya. Cette incomparable lumière, qui est peut-être le secret du charme mystérieux de l'Algérie, met entre ces croupes des ombres d'un azur impénétrable qui en dessinent les contours sinueux.

La route de Magenta à Daya se glisse sous bois, entre deux contreforts, dans un pli de la montagne, à demi-cachée, pour reparaître en lacets tortueux qui atteignent péniblement le sommet. Le trajet de Magenta à Daya, au cours duquel on s'élève à une altitude de 1,380 en voyant se dérouler à ses pieds le cours de la Mékerra, est une des plus jolies excursions qu'on puisse faire dans ce pays.

Au sortir de Magenta, quelques fermes isolées montrent encore çà et là leurs toits de tuiles brûlés par le soleil, mais nous sommes visiblement à la limite de la zone cultivable. Nous traversons la halte « **des Pins** » qui s'élève, solitaire, à la lisière de la forêt, flanquée de ses deux petits bastions, prête à résister aux rôdeurs qui s'aventureraient dans ce pays inhabité.

Les arbres deviennent plus rares, la verdure disparaît, l'horizon s'élargit, les coteaux boisés s'éloignent, la terre dénudée est déchirée par de longues arêtes de rocher d'un blanc grisâtre qui traversent la vallée et semblent les fondations de quelque muraille cyclopéenne disparue; des touffes d'halfa apparaissent çà et là; insensiblement nous pénétrons dans une région nouvelle; et nos yeux, charmés tout à l'heure par cette forêt verte, égayés par mille bouquets de lauriers roses, voient s'ouvrir devant eux des espaces immenses, aux ondulations monotones, bornés par des montagnes dont les cimes déchiquetées se dessinent crûment dans le gris éclatant d'un ciel éblouissant.

Le terrain fuit à nos côtés, nous traversons **Titen-yaya,** réunion de huttes habitées par quelques halfatiers, nous passons devant la redoute de **Bedeau** qui, située sur la rive droite, domine le village où se concentre le commerce de l'halfa et nous arrivons enfin à l'extrémité de la ligne, à **Raz-el-Mâ,** au pied du *djebel Beghira* (Montagne de la Vache) dont le sommet dénudé domine la vaste plaine monotone qui s'étend au Sud-Ouest jusqu'à El-Aricha, jusqu'au Kreider et à Méchéria au Sud-Est.

Cette montagne, qui atteint environ 1,300 mètres d'altitude (la gare de Raz-el-Mâ est à la cote 1,139) émerge à peu près isolée au milieu d'un pays qui semble absolument plat, bien qu'on y rencontre de loin en loin des plis de terrains assez accusés. Son sommet présente l'aspect d'une longue arête rocheuse complètement abrupte et dirigée sensiblement du Nord-Est au Sud-Ouest.

Cette arête est interrompue du côté de l'Est par un col très accentué. Ce col sépare la montagne d'un petit piton rocheux qui, de loin, ressemble à s'y méprendre aux restes d'un fortin turc ou romain et que les Arabes appellent « le veau ».

Les pentes de la montagne, jusqu'à cette arête rocheuse, parsemées çà et là d'une broussaille peu touffue, sont assez douces, du côté du Nord, pour qu'on ait pu y tracer une route militaire par laquelle on peut accéder en voiture au poste de télégraphie optique, qui permet de correspondre avec Méchéria au Sud-Est, El-Aricha au Sud-Ouest et Daya au Nord-Est. De ce poste, relié par un téléphone à la redoute de Bedeau, quatre ou cinq militaires, chargés du service de la télégraphie optique, dominent et surveillent toute la contrée dans un rayon de plus de cent kilomètres; ils avertissent par le téléphone la garnison de Bedeau de tous les incidents qui peuvent se produire dans la plaine et lui transmettent les dépêches qu'ils reçoivent de Mé-

La plaine de Raz-el-Mâ et la Montagne de la Vache.

chéria et d'El-Aricha. Cette surveillance continuelle met la vallée de la Mékerra et la plaine de Bel-Abbès à l'abri d'une de ces surprises dont les colons de Ben-Youb furent victimes en 1865. Le djebel Beghira est donc, pour ainsi dire, la sentinelle avancée de toute la partie occidentale de la province d'Oran.

De son sommet on aperçoit, au Nord, les forêts de Daya et de Magenta qui étendent jusque vers Bel-Abbès et Sebdou la nappe de leur verdure sombre. Au Sud, on voit s'étendre devant soi, à perte de vue, une plaine immense, sans un arbre, sans un buisson, sans un rocher : c'est la « mer d'halfa », limitée par de hautes montagnes dont les cimes violettes se devinent, démesurément éloignées, à l'horizon.

C'est un spectacle saisissant que celui de ces étendues désolées où nulle trace de vie ne se révèle; l'impression qu'il laisse, bien qu'un peu triste, est grande et nouvelle. On redescend le cœur serré et lorsqu'après quelques heures de chemin de fer, on est revenu le soir, en traversant de nouveau cette belle et riante forêt de Magenta, ces champs fertiles et ces vignes vigoureuses de Chanzy, de Tabia, de Sidi-Lhassen, on songe, en voyant autour de soi l'énergique et laborieuse population de Sidi-bel-Abbès, on songe avec une sorte de mélancolie à cette haute montagne isolée, à cet observatoire solitaire du poste télégraphique dont les gardiens, sentinelles ignorées, veillent au repos de ceux qui travaillent.

Chasseurs arabes.

Le port d'Arzeu.

## D'ORAN A ARZEU

(EN DILIGENCE)

Un voyage en diligence de 42 kilomètres, pour varier nos plaisirs. Ce voyage en patache est bien placé en tête du voyage d'Arzeu à Aïn-Sefra, qui pénètre jusqu'à 454 kilomètres dans l'intérieur du continent africain. La diligence prend le chemin le plus court pour arriver d'Oran à la tête de la grande ligne de la Compagnie Franco-Algérienne. C'est un trajet de 5 heures.

Si l'on ne veut pas goûter les délices de la diligence, il est facile d'aller d'Oran à Arzeu par le chemin de fer. D'Oran à Perrégaux sur le P. L. M., et, de là à Arzeu sur la ligne de la Franco-Algérienne, exploitée par la Compagnie de l'Ouest-Algérien.

En quittant Oran, la route est assez monotone. Toutes les localités que l'on traverse au début de ce parcours portent le nom de puits, ou bas-fond : *Hassi*. C'est ainsi que l'on passe à *Hassi-bou-Nif*, à *Hassi-Ameur* et à *Hassi-ben-Okba*, villages de quelques centaines d'habitants. Au 28e kilomètre, on arrive à *Saint-Cloud*, en plein vignoble. Le vignoble de Saint-Cloud est le plus important de la province d'Oran et ses vins jouissent d'une réputation méritée. On ne voit que des vignes autour de cette localité, autant qu'en Médoc où elles couvrent le sol. *Saint-Cloud* est riche et peuplé. Avec son annexe Mefessour, il compte près de 4,171 habitants. *Mefessour* est au 33e kilomètre, au milieu des vignes.

Au kilomètre 36 on arrive à une petite localité qui porte le nom de *Sainte-Léonie* et qui dépend d'Arzeu.

## LIGNE D'ARZEU A AIN-SÉFRA

**Arzeu-port**, tête de la ligne du chemin de fer d'*Aïn-Sefra*, compte environ 5,607 habitants (2,234 Français, 2,718 étrangers et le surplus de Musulmans).

Arzeu est entouré d'une enceinte dans la quelle on pénètre par deux portes seulement. Les rues sont régulières. Il y a à Arzeu une petite garnison et un dépôt de convalescents de la Légion étrangère.

Le port d'Arzeu est superbe. Deux cents navires peuvent s'y abriter. Mais ses abords et appontements ne sont pas à la hauteur du trafic considérable qui lui vient de Mascara, de Saïda et des plaines halfatières. On vient d'y consacrer quelques centaines de mille francs, en attendant mieux.

Au sud d'Arzeu, sur une colline, se trouvent les ruines du *Portus-Magnus* des Romains. Les archéologues considèrent cet endroit comme une mine inépuisable. Tout à côté, est la riche commune de *Saint-Leu* (à 3 kil. d'Arzeu), qui ne compte pas moins de 4,807 habitants.

En quittant Arzeu, le chemin de fer longe la mer et la route de Mostaganem, jusqu'à *La Makta* (le Port aux Poules), à 21 kil. Une voiture fait le service de La Makta à Mostaganem. C'est là que la voie s'enfonce dans les terres, pour atteindre un grand domaine de 24,000 hectares, qu'il traverse par le milieu. Ce vaste territoire a été concédé à M. Debrousse en échange des travaux du barrage de l'Habra. M. Debrousse a donné son nom à l'un des centres de ce domaine, situé à 38 kil. d'Arzeu. A 4 kil. de là se trouve une ferme, centre du grand vignoble, la

*Ferme-Blanche*, où demeure le directeur, et où se trouvent des caves colossales pouvant contenir plus de 50,000 hectolitres de vin, une incomparable orangerie de près de 60 hectares, une bananerie, des pépinières et des prairies magnifiques. On y visite aussi

La paye des ouvriers indigènes au domaine de l'Habra.

une jumenterie, bâtie au milieu de tamaris séculaires.

Au 51e kilomètre, la voie atteint **Perrégaux**, où se trouvent réunies, à quelques cents mètres l'une de l'autre, la gare du chemin P.-L.-M. d'Oran à Alger, et la gare du chemin de fer d'Arzeu à Aïn-Sefra. Toutes deux portent le nom de gare de Perrégaux.

Au delà de Perrégaux, vers l'Oued-el-Hamman, le

trajet est très pittoresque. Au 62e kilomètre, on aperçoit le fameux **Barrage de l'Habra.** Ce barrage colossal retient les eaux de l'Oued-el-Hamman et de l'Oued-Fergoug, qui se réunissent en amont. Deux fois renversé par les eaux, en 1872 et en 1881, il a coûté plus de 5 millions à la Société Debrousse à laquelle on a donné en compensation la concession du vaste domaine de 24,000 hectares, dont il

Le barrage de l'Habra.

est parlé ci-dessus. Le barrage de l'Habra retient tout un lac, qui paraît en l'air, en terrasse, et qui s'étend entre les montagnes jusqu'à sept kilomètres en amont.

Le barrage lui-même mesure 350 mètres et son déversoir en mesure 128. Total 478 mètres de maçonnerie sur une hauteur de 40 mètres. Ce mur cyclopéen n'a pas moins de 38 m. 90 d'épaisseur à sa base.

Pendant plus de 7 kilomètres, le trajet à flanc de coteaux, la voie surplombant les eaux d'un vrai lac, entouré de montagnes, rappelle un voyage en

Suisse. On ne se croirait plus en Afrique. Au passage des *Aiglons*, la voie traverse la rivière sur deux ponts en pierre. Le train s'arrête quelques minutes à **Dublineau,** station charmante, à laquelle un héros quelque peu ignoré a donné son nom. Dublineau,

Le Lac de l'Habra.

cantinier, ancien sous-officier, avait tenu tête à des nuées d'Arabes, avec deux compagnons, jusqu'au moment où il fut dégagé par des troupes de Mascara.

Au kil. 81, l'on arrive à **La Guetna.** A deux pas de la station se trouve la Zaouïa du *Hachem-Gharaba*, où fut élevé Abd-el-Kader. C'est là qu'il fut nommé émir des croyants en 1832; et c'est là aussi qu'il venait se retirer, prier et fanatiser ses adeptes, après les échecs subis durant la longue lutte qu'il soutint contre l'armée française.

Au kil. 88, on descend par une pente rapide dans la vaste et fertile plaine de l'*Eghris*. Arrêt à **Tizi**, station où s'embranche la petite voie de 13 kil. conduisant à *Mascara*, située sur la hauteur, au fond d'une vallée.

Le lac de l'Habra, partie supérieure.

**Mascara**, avec son faubourg de *Bab-Ali* et avec ses annexes, ne compte pas moins de 16,380 habitants ; et il est le chef-lieu d'une commune mixte de 43,500 habitants environ. C'est le siège d'une sous-préfecture et d'une subdivision militaire. L'on s'y trouve à 585 mètres d'altitude. Le climat est tempéré.

Les coteaux qui entourent Mascara sont d'une grande fertilité. Les céréales, le tabac, l'olivier, la vigne surtout, y sont cultivés avec succès. Près de 1,500 hectares de vignes l'entourent. Les vendanges se font très tard : en octobre seulement. Le vin de Mascara est excellent. Mascara est un grand marché de la province. Il se tient trois fois par semaine.

Mascara était la capitale d'Abd-el-Kader. En décembre 1835 une colonne partie d'Oran y arriva, non sans avoir eu à livrer un grand nombre de combats. Comme on ne pouvait s'y maintenir, la ville fut abandonnée. En 1837 Abd-el-Kader, à qui le traité de la Tafna avait rendu Mascara, y résida de nouveau. En 1839 il reprit les hostilités ; et, le 30 mai 1841, le maréchal Bugeaud l'occupa définitivement. La ville nouvelle commença à se repeupler et à s'étendre à partir de 1843.

Cette ville est assise sur deux mamelons séparés par le ravin de l'*Oued-Toudman*, sur lequel on a jeté quatre ponts. Des remparts de 3,260 mètres, percés de six portes, l'entourent. Les rues sont régulières.

Le faubourg de Bab-Ali, seul, présente l'aspect d'une ville arabe : car Mascara même est européen.

Les mosquées ne méritent pas la visite. C'est dans l'une d'elles, dans celle d'Aïn-Beïda aujourd'hui convertie en magasin de blé, qu'Abd-el-Kader prêchait la guerre sainte.

En quittant Mascara, il faut revenir chercher la ligne principale à Tizi.

On passe dans la plaine de l'Eghris, à **Froha** et à **Thiersville,** sections de la commune de Mascara. La voie s'engage ensuite dans les montagnes couvertes de touffes de lentisques, et débouche dans la plaine de **Taria.**

A 13 kilomètres avant Saïda, et à 2 kilomètres du chemin de fer, se trouvent les **grandes eaux chau-**

Vue de Mascara, prise de Bab-Ali.

**des,** fort en renom parmi les Arabes. Il y a là une auberge où l'on peut remiser chevaux et voitures.

Au delà de cette plaine, on entre dans la vallée boisée de l'*Oued-Saïda*. On passe à **Charrier** et à **Franchetti,** deux annexes de Saïda. Les rochers des environs de Franchetti ont l'aspect pittoresque de ruines féodales, aussi appelle-t-on le village *Franchetti-les-Châteaux*. Il y a là un rocher énorme, fendu par un tremblement de terre. La légende arabe veut que, touché par la fervente prière d'une mère, portant son enfant et poursuivie par une panthère, Allah sépara le rocher en deux, et mit une faille infranchissable entre le terrible félin et la pauvre affolée.

**Nazereg** ou **Aïn-Azereg** (source bleue), colonie charmante, jouissant d'un climat tempéré analogue à celui de la France. On y cultive tous les fruits de France.

Avant de se faire jour par une faille de rocher, l'Aïn-Azereg traverse une grotte souterraine de plus de 300 mètres, figurant tantôt un ruisseau, tantôt un lac. De superbes stalactites tombent du plafond de la grotte. Quelques-unes sont creuses et renferment de l'eau. Si l'on casse l'extrémité inférieure de ces stalactites, il en sort un petit filet d'eau. En plaçant audessous un corps sonore, le petit filet d'eau produit un son qui, répété par les parois de la grotte, rappelle l'harmonie des harpes éoliennes.

Il faut des torches pour visiter la grotte. On y accède par un trou d'où s'échappent de nombreux ramiers, ce qui l'a fait nommer le *Trou des Pigeons*. Si on ne vous l'indique pas, le Trou des Pigeons est difficile à découvrir, étant presque caché aux yeux. Il faut y descendre avec des cordes.

**Saïda** (à 171 kil.). Cercle militaire, commune de près de 4,476 habitants, chef-lieu d'une commune mixte de 18,500 habitants, situé à la limite des Hauts-Plateaux, se trouve déjà à 880 mètres d'altitude. Telle est la nouvelle Saïda.

Ce n'est pas la Saïda d'Abd-el-Kader. La vieille Saïda est de l'autre côté d'une vallée profonde. On la voit en sortant de la redoute, vers le Sud-Est, à

La Gare de Saïda.

2 kil. de la nouvelle ville. A distance, on aperçoit le rectangle formé par ses murailles en ruines.

Il y a de nombreuses et ravissantes excursions à faire autour de Saïda. Par exemple, en remontant l'Oued-Saïda jusqu'à une faille qui l'enserre dans des rochers dolomitiques. On peut suivre à pied cette faille jusqu'au point où l'oued Saïda y tombe, à 4 kilomètres de Saïda.

Une autre excursion est celle d'*Aïn-Tigfrid*, à 28 kil. à l'est de Saïda. Le chemin est à peu près carrossable pendant la belle saison ; mais il est plus pratique d'y aller à cheval. A 200 mètres d'une maison cantonnière, dans laquelle hommes et chevaux trouvent un abri, se trouvent les cascades. Elles sont dans une gorge profonde, tapissée de lianes, de frênes, de chênes, de trembles et de térébinthes. Cette gorge s'ouvre graduellement, pour devenir bientôt

La grande Mosquée et le Marché de Saïda.

une vallée magnifique. En amont de la cascade, la vallée n'est ni moins pittoresque, ni moins belle qu'en aval.

Curieuses pétrifications aux environs de la cascade. Il y a du poisson dans ses eaux, et tout autour beaucoup de gibier.

Sur la route de la cascade de Tigfrid, on rencontre le domaine de M. Solari, qui possède l'un des plus grands vignobles d'Algérie (5,000 hectares, dont 3,000 en pleine production).

Saïda est le centre d'une contrée d'une grande fertilité. Grâce à son climat tempéré, toutes les cultures d'Europe y prospèrent.

La voie monte en lacets au delà de Saïda pour atteindre l'altitude de 1,024 mètres à **Aïn-el-Hadjar.** C'est là que se trouve le grand établissement où la Cie Franco-Algérienne faisait le triage et la mise en ballots de l'halfa. Incendié et pillé en 1881, par les partis de Bou-Amena, Aïn-el-Hadjar est à présent à l'abri d'un coup de main de ce genre.

**Tafaraoua,** à 1,150 mètres, est le point culminant de la voie entre Arzeu et Méchéria.

A 10 kil. à l'ouest de la station, l'on voit les ruines de *Zimetlas,* dont l'origine et le caractère n'ont pas encore été déterminés. Pendant la belle saison, il est possible d'y aller en voiture, mais il est préférable d'y aller à cheval. (Emporter des vivres.)

On redescend ensuite à une altitude moyenne de 1.000 mètres.

**Khrafallah** (à 215 kil.), est l'endroit où eurent lieu les massacres de 1881. — C'est un grand chantier d'halfa.

La voie se relève à 1,057 m. à **Modsba-Sfid.** C'est là que s'exécuta, comme par enchantement, le chemin de fer qui conduit au Kreider et à Méchéria. Une longueur de 79 kilomètres fut établie en 128 jours par 800 ouvriers. Et malgré une interruption de 70 jours occasionnée par le mauvais temps, le chemin de fer, commencé le 7 août 1881, portait une locomotive de

Modsba à Méchéria le 2 avril 1882. Il y a peu d'exemple d'une telle rapidité d'exécution.

On est désormais au milieu de cette « mer d'halfa » aux horizons interminables, dont la monotonie grandiose est atténuée par des mirages merveilleux qui vous font voir des villes, des forêts, des châteaux, des îles et des rivières, là où il n'y a rien du tout. On arrive à la contrée halfatière où la Société Franco-Algé-

Le Kreider.

rienne a obtenu la concession de l'exploitation de l'halfa, sur 300,000 hectares.

Plus loin, on a l'avant-goût du désert, à travers un pays caillouteux et aride, tout jalonné de carcasses d'animaux, victimes de la terrible insolation. De nombreux vautours hantent ce champ de mort. On est tout heureux d'en sortir et d'arriver au **Kreider** (271 kil.).

Il y a là un fort qui domine le Chott-ech-Chergui. La grande tour de ce fort porte un télégraphe optique communiquant avec Méchéria, Raz-el-Mâ, Saïda et Géryville. Il se crée tout une petite ville au bas de ce fort. Au pied du monticule sur lequel il est bâti, il y a des sources abondantes, d'une eau très pure. Tout autour des sources, les arbres poussent comme par enchantement.

Avant d'atteindre le Kreider (à 5 kil.), on aperçoit, à 2 kil. à l'Est, la première oasis qui se présente au voyageur venant du Nord. C'est celle des Ouled-sidi-Kralifa, famille de marabouts misérables, réfugiés là après avoir été chassés des Ksours qu'ils habitaient

La Gare fortifiée d'El-Biod.

dans le Sud. Leur K'sar possède une source; et l'on trouve dans leurs jardins, des vignes, des abricotiers et des pêchers.

Le chemin de fer descend ensuite dans le Chott, dont il traverse la cuvette pendant 12 kilomètres. Après plusieurs haltes, on arrive à **El-Biod**, type de la gare fortifiée. C'est un bâtiment carré, aux angles duquel sont adaptées des sortes d'échauguettes en tôle mettant à l'abri des balles, percées de meurtrières qui battent le pied de la muraille. Les fenêtres et la porte sont également blindées. La cour centrale est entourée de bâtiments et plantée d'arbres. Ce serait le refuge du chef de gare, de sa famille et des employés de la voie en cas d'alerte.

La voie, toujours à travers l'halfa, s'approche ensuite de **Méchéria,** où elle se relève à 1,168 mètres. Méchéria, situé au pied du Djebel-Antar, est un poste militaire qui peut abriter plus de 2,000 hommes : mais depuis que le chemin de fer a atteint Aïn-Sefra, où l'on a porté la limite de notre défense militaire,

La Redoute de Méchéria et le Djebel-Antar.

Méchéria se trouve en seconde ligne et a perdu de son importance.

Le puits de **Nâama** était la station terminus en 1887, lorsque la caravane parlementaire a visité l'Algérie. Plus loin, la station de **Mékalis** est le point culminant de toute la ligne (1,300 m.). On y voit une montagne isolée au milieu de la plaine. Les Arabes racontent que Mahomet voulant opérer une plus judicieuse répartition des montagnes, en mit un certain nombre dans un sac pour les porter aux endroits où il en manquait : mais que le sac étant crevé à Mékalis, il en tomba une au milieu de la plaine, où elle est encore visible.

LE KASSAR D'AÏN-SEFRA.

Aujourd'hui le chemin de fer atteint **Aïn-Sefra,** à 454 kilomètres d'Arzeu-Port. Aïn-Sefra est le poste militaire le plus important de cette partie de l'Algérie. Il y a là une redoute et des casernements considérables. C'est le point le plus éloigné que nous occupions de ce côté, en regard des fameuses oasis de Figuig, qui sont à 95 kilomètres au Sud; et surveillant les populations turbulentes du Sud-marocain.

Aïn-Sefra, la source jaune, possède un de ces villages clos, aux rues étroites et pittoresques, presqu'inaccessibles en cas d'attaque par des Arabes, et que l'on appelle les *ksours* (pluriel de *K'sar*, château). Le K'sar d'Aïn-Sefra est entouré d'une petite oasis de quelques dizaines de palmiers. Ce K'sar est assez bien bâti. Le chemin qui le contourne, et qui donne sur les jardins, est des plus pittoresques. On aperçoit, entre les palmiers la fameuse dune de sable jaune dont la ligne envahissante pénètre dans la vallée, entre le Djebel-Mekter et le K'sar. L'effet de cette bande éclatante, sans un brin d'herbe, qui s'allonge dans la vallée vers l'Ouest à plus de quinze kilomètres, toujours menaçante, est saisissant. Et ce n'est pas un voisin commode : car, dès que s'élèvent les tourmentes du siroco, le K'sar est comme enveloppé par des nuages de sable, qui parfois couvrent le sol des jardins de l'oasis et obstruent les rues découvertes.

Aller au delà d'Aïn-Sefra est fort difficile, à moins d'être fortement accompagné. Cependant l'on peut, avec une petite escorte, visiter le K'sar voisin, celui de **Tiout,** à 16 kilomètres au Sud-Est.

Tiout est un des plus beaux ksours de la région. Le village est situé au milieu d'une riche oasis parsemée de rochers pittoresques. Les vignes de Tiout sont renommées pour leurs proportions colossales. Le ruisseau qui arrose les jardins est considérable. Un barrage jeté en travers du ruisseau forme une grande et belle pièce d'eau, couverte d'une végétation merveilleuse et toute peuplée de sauvagine. Tiout renferme une curiosité archéologique qui défraye depuis bien des années Messieurs les archéologues. Il s'agit de dessins gravés dans les parois verticales des rochers qui se trouvent en tête de l'oasis. Ce sont des personnages, des guerriers surtout, coiffés de plumes.

Il faut deux jours pour aller d'Oran à Aïn-Sefra, en couchant à Saïda. L'on peut donc, en cinq jours, aller de France dans ces pays extraordinaires des Hauts-Plateaux, aux mirages fantastiques et s'avancer jusqu'à Aïn-Sefra. Quel est le touriste amoureux d'imprévu et pouvant disposer d'une quinzaine, qui ne se payera pas un voyage aussi impressionnant ?

Avec une escorte on peut aussi, d'Aïn-Sefra, faire à cheval une intéressante excursion chez les Mogrars, visitant Djeniem-bou-Resk et le défilé de Founassa.

Une course à chameaux.

## D'ARZEU A MOSTAGANEM

Le chemin d'Oran à Arzeu se prolonge jusqu'à Mostaganem. D'Arzeu à la station de la Makta (20 kilomètres), il emprunte la voie ferrée que nous avons prise pour aller d'Arzeu à Perrégaux. A 12 kilomètres de la Makta, on rencontre la *Stidia*, source ferrugineuse (1,603 habitants d'origine allemande). Ce village est dans l'aisance.

A 11 kilomètres plus loin, se trouve *Mazagran*. C'est là que, du 3 au 6 février 1840, 123 zéphirs commandés par le capitaine Lelièvre, retranchés dans un réduit en pierres sèches, repoussèrent, après 4 jours de combat, 12,000 Arabes commandés par Mustapha-ben-Tanis, Khalifa d'Abd-el-Kader. Une église construite avec le produit d'une souscription et une colonne corinthienne surmontée d'une statue de la France rappellent aux passants ce fait d'armes mémorable. A mi-chemin entre Mazagran et Mostaganem (à 2 kilomètres) se trouve un Haras créé par le général Lamoricière et un Champ de courses fort en renom dans la contrée.

**Mostaganem** est à 90 kilomètres d'Oran et à 48 kilomètres d'Arzeu. C'est une jolie ville de 14,247 habitants dont 6,938 européens et un millier d'israélites. La ville, située sur un plateau qui domine la mer à environ 100 mètres, est partagée en deux par le ravin de l'Aïn-Sefra. La ville est située à l'Ouest, et le quartier Matmore à l'Est. En observant les bouleversements du sol autour de Mostaganem, on n'a pas de peine à se figurer les effroyables tremblements de terre qui bousculèrent la contrée sous l'empereur

Gallien. Le port et la ville de Murustaga ont été alors engloutis par la mer.

En 1832 et 1833 la place résista aux Arabes avec une garnison de Turcs d'Alger et de Koulour'lis au nombre d'environ 1,300, qui recevaient une solde régulière de la France. En juillet 1833, Mostaganem fut définitivement occupé par le général Desmichels, qui y mit une garnison française.

La sous-préfecture, la mairie, le tribunal civil sont des édifices civils convenablement appropriés à leurs destinations respectives. L'administration militaire possède à Matmore un hôpital contenant plus de mille lits, une caserne d'infanterie et des locaux pour les services administratifs. Ce sont des koubbas transformées en magasins. La caserne de cavalerie est à l'Ouest de la ville.

L'éternelle verdure du *Jardin public* est une des grandes jouissances des habitants de Mostaganem. D'assez jolies promenades sont à faire aux environs de la ville.

Femme nomade.

## LIGNE DE MOSTAGANEM A TIARET

Les eaux de la mer sont d'une telle limpidité au pied des rochers de Mostaganem, que les gamins indigènes y plongent à de grandes profondeurs pour chercher des pièces de monnaie et d'autres objets qu'on y jette. C'est même un spectacle assez amusant que celui des évolutions de ces jeunes et habiles nageurs.

En quittant Mostaganem le chemin de fer s'arrête d'abord à la station de **Pélissier** (4 kilomètres). Cette localité compte 2,500 habitants. On l'appelait auparavant le *Village des Libérés*, parce qu'elle fut peuplée dans l'origine par des militaires libérés du service. La terre y est excellente. On l'appelle aussi la *Vallée des Jardins*: c'est assez dire.

A 21 kilomètres, la station d'**Aïn-Tediès**, commune de 2,500 habitants, dominant le Chélif, le plus grand fleuve de l'Afrique septentrionale. Le Gouvernement y a créé une pépinière qui est une pure merveille. Les stations d'**Oued-el-Kheir** (32 kilomètres), de **Mekalia** (47 kilomètres), de **Sidi-Keltab** (55 kilomètres), et de **Bel-Hacel** (64 kilomètres), ne présentent pas de particularités.

**Relizane** (76 kilomètres), est, comme Perrégaux, une station double. C'est là que la voie de Mostaganem-Tiaret croise la grande ligne d'Alger à Oran. (Buffet : déjeuner 3 fr. 50, dîner 4 fr.). Relizane, situé au milieu des plaines extraordinairement fertiles de la Basse-Mina, compte 7,019 habitants. Un important marché arabe s'y tient tous les jeudis; sur lequel on trouve de très beaux chevaux.

On sait qu'une ville romaine qui portait le nom de

*Mina*, comme la rivière actuelle, existait dans ces parages ; et l'on croit en reconnaître les traces dans des ruines qui se trouvent à 4 kilomètres au sud de Relizane.

Un fait d'armes à enregistrer ici à l'actif des « civils ». Des colons ont repoussé, les 1 et 3 juin 1864, des bandes de Flitta, venues pour ravager la contrée sous le commandement du fameux Si Lazzeg-bel-Hadj.

Le barrage de la Mina, situé à 4 kilomètres au Nord de Relizane, est moins important que celui de l'Habra, qui est cyclopéen : mais il peut néanmoins, suivant la saison, fournir de 600 à 1,500 litres par seconde, irriguant 6,000 hectares. Ce qui est déjà coquet.

Les moyens de communication ne manquent pas pour rayonner autour de Relizane. La voie de Tiaret croise celle d'Alger à Oran ; puis elle va droit aux montagnes que l'on voit au Sud. D'abord la vallée apparaît très large, une vraie plaine. Mais peu à peu les montagnes s'en rapprochent et le chemin de fer s'arrête à la station d'**Oued-Kelloug,** dont on voit les gourbis et les jardins de figuiers de Barbarie au pied du coteau (à 9 kilomètres de Relizane et 76 de Mostaganem).

Au bout d'une petite demi-heure, on aperçoit un piton d'aspect singulier, affectant la forme d'un bonnet phrygien. En pente raide d'un côté, tout à fait à pic de l'autre, il porte à son sommet la koubba d'un marabout qui domine la plaine. C'est le fameux marabout de **Sidi-Mohammed-ben-Aouda,** qui surplombe le village et la station auxquels il sert de parrain.

Les habitants de ce village maraboutique, vivent de quêtes et d'offrandes de pèlerins. Ils sont peu laborieux, et préfèrent la vie errante aux travaux de la terre. Si vous rencontrez en Algérie une bande de bateleurs, exhibant quelque vieux lion déplumé et édenté ou quelque pauvre lionne étique ou aveugle, quêtant comme s'ils avaient été les dompteurs du roi du désert qu'ils traînent à leur suite, ainsi que les vainqueurs romains traînaient leurs vaincus aux jours de triomphe, dites-vous tout simplement que ce sont des gens de Sidi-Mohammed-ben-Aouda. Ajoutez qu'ils ont acheté d'occasion, à une ménagerie de passage,

Village et Marabout de Sidi-Mohammed-ben-Aouda.

quelque pauvre bête de rebut, incapable de faire ses frais dans l'établissement.

C'est avec cet invalide des exhibitions foraines, que les Sidimohammedbenaoudiens piquent encore, grâce à des récits fantastiques sur la capture de la bête féroce et à des invocations sacrées, la curiosité de leurs naïfs compatriotes.

**Fortassa,** qui vient plus loin, est à 43 kilomètres de Relizane et à 119 de Mostaganem. C'est un village situé au confluent de la Mina et de l'oued El-Abd, adossé à un mamelon couvert de ruines. Comme c'est là l'entrée réelle de la vallée de la Mina qui conduit aux hauteurs sur lesquelles Abd-el-Kader avait ses derniers retranchements, Fortassa a été le témoin de maints combats entre nos troupes et les Flittas, appuyés par les Hachem, dont les territoires l'avoisinent.

C'est en remontant cette vallée que l'on commençait à voir les ravages de l'inondation accidentelle dont la Mina est accusée assez injustement.

Ce pittoresque cours d'eau n'est pas coutumier du fait : car l'inondation de 1890 devrait plutôt être qualifiée d'accident par suite de rupture de digue. En effet, les eaux arrêtées par une route sur le plateau, au-dessus de Tiaret, ont formé une vaste nappe d'eau, les ouvertures ayant été obstruées. La route n'étant pas construite pour jouer le rôle de digue céda, et la masse d'eau, se précipitant avec une fureur inouïe, balaya tous les jardins que baignait la douce Mina, enleva des troupeaux entiers et noya bon nombre d'indigènes. La voie du chemin de fer fut enlevée en vingt endroits. La Compagnie de l'Ouest-Algérien, qui exploite la ligne de Tiaret pour la Compagnie Franco-Algérienne, a rétabli en un mois la circulation sur toute la ligne.

En remontant la vallée de la Mina, on s'arrête à la station de **Sidi-Djilali-ben-Amar** où il n'y a qu'un caravansérail dont nous donnons le dessin (58 kilomètres de Rèlizane et 134 de Mostaganem).

La station suivante est celle de **Mechra-Sfa**, autre caravansérail, avec village naissant (87 kilomètres de Relizane et 163 kilomètres de Mostaganem).

A 7 kilomètres de cette station se trouvent les ruines de la fameuse nécropole antique de *Souama*.

La dernière station, avant d'arriver à Tiaret et à 10 kilomètres de cette ville, est celle de **Tagdempt,** aussi nommée la *Ferme des Spahis*.

Tagdempt a été l'un des établissements militaires

les plus importants d'Abd-el-Kader. Il avait établi là un arsenal, des forges et des magasins de ravitaillement, se croyant à l'abri de nos attaques dans ce pays montagneux et sauvage. Mais il en décampa à l'approche de nos colonnes le 25 mai 1841 ; et, la veille de leur arrivée, il incendia l'établissement de Tagdempt, dont nos troupes ne trouvèrent que les cendres.

Tagdempt était bâti sur l'emplacement d'une ville ou d'un poste romain dont on trouve encore des vestiges. On suppose que ce sont les restes de *Tingartia*.

Caravansérail de la station de Sidi-Djilali-ben-Amar.

A 10 kilomètres de Tagdempt, le chemin de fer atteint **Tiaret,** son terminus actuel. Le mot *Tiaret* signifie « station » en langue berbère.

Cette petite ville de 4,026 habitants, chef-lieu d'une commune indigène de 34,352 habitants, est située à 1,083 mètres d'altitude. Elle jouit du climat de la France centrale, et les hivers y sont relativement rigoureux. Elle est dominée par le *Djebel Guezzoul*, et partagée par un profond ravin. Nos établissements militaires la dominent de plus de cent mètres et la gare est en contre-bas de presque autant.

Les Romains y avaient déjà un établissement. Les Arabes y construisirent une ville haute et une ville basse. La ville actuelle, toute française, a été fondée sur l'emplacement des ruines romaines par le général Lamoricière; là, même, où Abd-el-Kader avait encore peu de temps auparavant, une base d'opération, d'où il rayonnait pour harceler nos alliés et nos colonnes.

Tiaret est entouré d'une enceinte bastionnée. Il y a le quartier de la redoute, le quartier commerçant et le quartier militaire appelé le *Fort*, qui comprend des casernes d'infanterie, une caserne de cavalerie, des magasins militaires, le Cercle des officiers, une chapelle et un hôpital.

La vue dont on jouit à la hauteur du Cercle militaire est magnifique. Le panorama embrasse le *Sersou*, Hauts-Plateaux encore compris dans le Tell. Les plateaux qui entourent Tiaret sont d'une extrême fertilité. Ils sont très bien cultivés, et la colonisation s'y porte volontiers. Le marché de Tiaret, qui se tient tous les lundis, est un des plus importants de la province d'Oran.

L'on voit de très beaux vignobles aux environs de Tiaret; mais les vendanges ne se font guère avant la première quinzaine d'octobre.

La contrée de Tiaret est le pays des chevaux par excellence. On y voit les plus beaux types chevalins de l'Algérie, par la taille et les qualités. Aussi l'Etat a-t-il établi, non loin de Tiaret, une importante jumenterie.

Viaduc en acier de 274 mètres sur la Chiffa.

La fresque du Ruisseau-des-Singes.

## LIGNE DE BLIDAH A BERROUAGHIA

La ligne de Blidah à Berrouaghia, dont une section seulement, celle de Blidah à Lodi, est depuis le 25 août 1891, ouverte à l'exploitation, a été concédée le 31 juillet 1886 à la Compagnie de l'Ouest-Algérien, comme le premier tronçon de la grande ligne de pénétration d'Alger à Laghouat. Les rapports présentés à la Chambre et au Sénat, et qui ont précédé le vote de la loi de concession établissent nettement cette idée générale. Le tronçon de Blidah à Berrouaghia constitue la partie vraiment difficile et coûteuse de la ligne totale. Sa construction a, en effet, nécessité l'exécution de travaux considérables que le touriste pourra examiner avec intérêt, tout en admirant l'aspect pittoresque et si varié du pays. Dans un court espace de temps, il verra passer sous ses regards les contrées les plus fertiles, telles que la plaine de la Mitidja, et les sites les plus sauvages, telles que les gorges abruptes de la Chiffa encore peuplées de troupes de singes. Après avoir aperçu, des flancs du Nador, les terrains incultes de la mer d'argile, le voyageur pourra admirer, presque sans transition, sur le plateau qui couronne cette montagne, les riants paysages des environs de Médéa, semblables aux campagnes les mieux cultivées de la France.

---

On se rend généralement d'Alger à Blidah (51 kilomètres) en chemin de fer, par la ligne d'Oran, construite et exploitée par la Compagnie P.-L.-M.

Mais on peut y parvenir par l'Ouest d'Alger. La route est très agréable, les rochers de Saint-Eugène et de la Pointe-Pescade sur lesquels déferle la mer, sont d'une belle couleur. Plus loin, ce sont les riches villages entourés de vignes superbes, d'où nous viennent en grande partie les raisins de primeur que nous pouvons goûter à la fin de juillet : Guyotville, Staouély, voisin du fort et de la belle plage de Sidi-Ferruch où s'effectua la descente des Français en 1830. Une excursion à ce coin de la côte est chose charmante. La route s'enfonce dans la *coupure* que le Mazafran s'est taillée dans les collines du Sahel. Elle passe au pied du fertile plateau de Koléa, l'un des points les plus riants et les mieux cultivés de l'Algérie.

Ce sont tous ces centres prospères que desservira sans doute le prolongement sur Alger de la ligne de Blidah à Berrouaghia. Presque à l'embouchure du Mazafran un embranchement se poursuivrait le long de la côte et désservirait Castiglione, avec ses bains de mer et ses cultures de primeurs; Bérard, au pied du tombeau de la Chrétienne, ce monument étrange qui rappelle, dans de moindres proportions, avec sa galerie intérieure de 160 mètres de long, les efforts prodigieux qui ont produit les pyramides d'Egypte et les hypogées des bords du Nil; enfin Tipaza, avec ses belles ruines romaines, son immense cimetière

Le Bois Sacré de Blidah.

des premiers siècles, et ses tombes creusées au flanc des rochers battus par la mer. L'air est toujours frais dans ce coin de terre. Un peu plus loin, Zurich, puis Cherchell, l'antique *Césarée*, avec ses belles ruines, si intéressantes à visiter.

Le projet primitif se réalisera-t-il? Un véritable chemin de fer desservira-t-il, dans des conditions vraiment satisfaisantes, ces localités riches, charmantes ou intéressantes? C'est le secret de l'avenir. Mais cela est désirable. Le point de la Mitidja où se trouve Marengo, aurait ainsi ses communications directes avec Alger ; et toute cette côte, jusqu'à Tipaza d'abord, puis Cherchell, se peuplerait rapidement. L'Algérien y chercherait pendant les mois d'été la fraîcheur si désirée : il la trouverait certainement à Castiglione, et surtout à Tipaza.

---

**Blidah** est la reine de l'immense vallée de la Mitidja. Située au milieu de véritables forêts d'orangers, elle a été surnommée la « Parfumée ». Un marabout dont les mots sont célèbres l'apostropha ainsi : « On t'appelle une petite ville, et moi je t'appelle une petite rose ».

En 1825, Blidah fût littéralement bouleversé par un terrible tremblement de terre, qui fit périr sept mille de ses habitants. Et, chose curieuse, 42 ans après dans le même mois, c'est-à-dire le 2 mars 1867, un second tremblement de terre se produisit, enseignant aux Européens qu'il était imprudent de construire à cet endroit de trop hautes habitations.

Les indigènes prétendent que le tremblement de terre de 1825 fut une punition du ciel, les Blidéens n'ayant pas voulu écouter un saint marabout qu'Allah leur avait dépêché pour les détourner de la vie de débauche dans laquelle ils étaient plongés.

Blidah possède de belles eaux d'alimentation, et notamment celles de la Fontaine-Fraîche. L'oued El-Kébir fait tourner d'importants moulins, et fournit les eaux d'irrigation nécessaires aux admirables cultures qui environnent la ville.

Tout étant légende dans ces pays arabes, c'est aussi

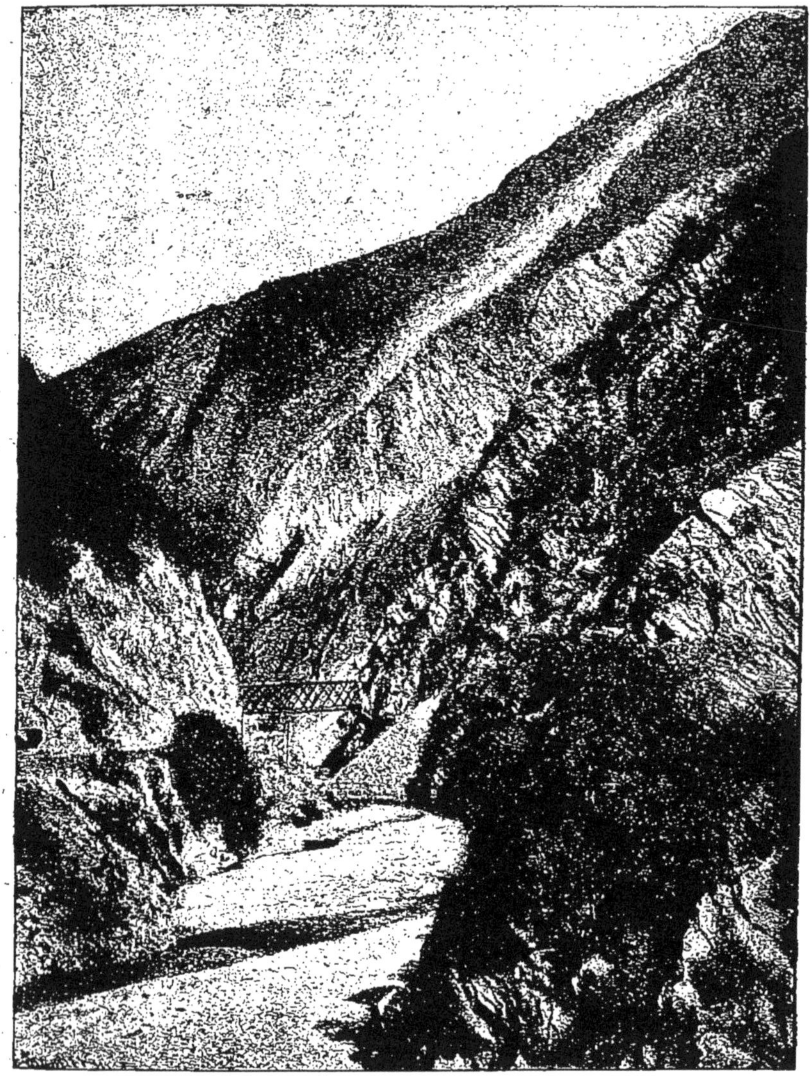

Viaduc dans les Gorges de la Chiffa.

à l'intervention d'Allah que Blidah doit la naissance des sources qui forment l'oued Kébir. Un saint homme n'ayant pas trouvé d'eau pour faire ses ablutions, pria tant et si bien qu'Allah le conduisit sur la montagne où des sources jaillirent; elles suivirent le marabout Ahmed-el-Kébir, jusqu'au lit de la rivière.

C'est à Sidi-Ahmed-el-Kébir qu'on attribue la fondation de la ville.

Blidah possède de très belles promenades. Le Bois Sacré, avec ses oliviers séculaires, ses blancs marabouts, offre un charme très pénétrant. Ici une autre légende : les oliviers sont sortis des piquets de la tente de Sidi-Jacoub qui séjourna en ce lieu, puis sur les ordres d'Allah, en partit pour catéchiser les montagnards de Daïra.

---

Dominant la Mitidja, placée à l'entrée des gorges qui donnent accès aux riches plateaux du versant Sud de l'Atlas, Blidah, qui n'avait pas d'histoire, a été témoin de nombreux combats entre les Français et les Arabes. L'héroïque sergent Blandan est tombé à Beni-Méred.

Quelques jours seulement après la prise d'Alger, la colonne française qui se présenta à Blidah, tomba dans un piège grossier. Le maréchal de Bourmont invité par le bey de Tittery à venir visiter la contrée, fut harcelé par les montagnards du dit bey et dut battre en retraite sur Alger. Le 17 novembre 1830, le maréchal Clausel s'empara de Blidah, mais dut renoncer à l'occuper, la place étant sans cesse investie par les gens de la montagne.

Le traité de la Tafna, du 30 mai 1837, nous ayant

donné Blidah, le maréchal Vallée y installa deux camps sous les ordres du colonel Duvivier ; ces camps sont devenus les villages de Joinville et de Montpensier. Comme ils étaient fréquemment attaqués, on dut livrer aux Hadjoutes et aux troupes de l'émir Abd-el-Kader plusieurs combats importants, notamment entre l'Arba et l'Harrah, entre Méred et Blidah et, enfin, entre Joinville et la Chiffa. Un dernier combat acharné fut livré par les Hadjoutes et les réguliers d'Abd-el-Kader, le 29 janvier 1840, dans le Bois Sacré ; et l'ennemi, complètement défait, se retira dans la montagne pour ne plus reparaître que dans de légères escarmouches ou dans des embuscades destinées à interrompre nos communications avec Alger.

On a pu pendant longtemps distinguer dans le Bois Sacré les traces des balles échangées par les combattants, mais elles ont aujourd'hui à peu près disparu.

---

Blidah compte aujourd'hui plus de 25,000 habitants; et, sans aucun doute, la ligne de Médéa va donner une impulsion nouvelle à son commerce et à son industrie. Elle est le siège d'un tribunal.

On peut visiter le jardin public, appelé aussi le jardin Bizot, le Bois Sacré, la montagne des deux Cèdres, le piton de Sidi-Abd-el-Kader chez les Beni-Salah, les gorges de l'oued Kébir, la forêt de cèdres et de chênes d'Aïn-Talozit, le cimetière de Sidi-Kébir et, enfin, les orangeries, qui s'étendent jusqu'aux villages de la banlieue de Blidah.

---

Le Ruisseau-des-Singes.

Les habitants de la ville parfumée, lorsque la chaleur devient accablante, en juillet, août et septembre, peuvent, après une heure de chemin de fer, trouver l'ombre et la fraîcheur dans les gorges étroites de la Chiffa.

La ligne suit tout d'abord la plaine de la Mitidja, au pied des collines des Beni-Salah, franchit l'oued Kébir et arrive à la Chiffa après avoir traversé les vignobles de la ferme Sainte-Marguerite.

Un beau pont en acier de 274 mètres d'ouverture en quatre travées d'égale longueur, a été jeté sur cette rivière pour le passage du chemin de fer. Au Nord, vers la mer, se profilent les collines adoucies du Sahel avec le cône du tombeau de la Chrétienne en saillies sur les crêtes; au Sud les énormes masses de l'Atlas; à l'Est et à l'Ouest l'admirable plaine, et vers Cherchell et Milianah le montagneux massif du Zaccar.

La ligne passe ensuite sur les coteaux de M'ta-el-Habous, puis s'infléchit vers le Sud, pénètre dans les gorges, et atteint la station de *Sidi-Madani*, après avoir traversé un petit tunnel.

Quelle promenade délicieuse que celle qui consiste à prendre le train jusqu'à la station du **Camp-des-Chênes** (19 kilom.), et à revenir en arrière à pied (7 kilom.) jusqu'à la station de *Sidi-Madani*, à travers les Gorges, l'un des sites les plus pittoresques du monde. On longe la Chiffa par un défilé si étroit, qu'il n'y a, à certains endroits, pas plus de quatorze mètres d'une montagne à l'autre, juste la place pour la route et le torrent qui gronde au fond de la vallée. Ces gorges sont une fente immense, sorte de cassure de la montagne, entre les

Beni-Salah d'un côté, le massif de Mouzaïa de l'autre. De toutes parts des cascades tombent de rochers en rochers. Une végétation luxuriante s'épanouit partout où la terre végétale a pu s'accumuler. A deux kilomètres de Sidi-Madani on rencontre le fameux *Ruisseau-des-Singes* ; bonne auberge, sur les murs de laquelle des artistes ont portraituré les intéressants quadrumanes que l'on voyait autrefois gambadant sur les cailloux du ruisseau, trempant leurs museaux dans son eau limpide. Ces ancêtres ne sont pas toujours visibles, étant quelque peu défiants ; ils ont cherché sur l'autre rive de la Chiffa un peu de tranquillité.

En sortant de l'arrêt de Sidi-Madani, le chemin de fer se tient sur la rive gauche du torrent ; il traverse l'un des premiers contreforts du Mouzaïa par un tunnel de 900 mètres et, après avoir franchi le Ruisseau-des-Singes, il s'engage dans deux souterrains successifs, traverse la Chiffa par un pont métallique de 60 mètres d'ouverture hardiment lancé sur la vallée, afin d'éviter le *Rocher-Pourri*, et se tient sur la rive droite jusqu'au confluent de l'oued Merdja. Beaucoup de souterrains : mais dans les passages à ciel ouvert le voyageur en chemin de fer peut jouir de l'admirable spectacle des Gorges.

La station du Camp-des-Chênes est à 7 kilomètres de l'arrêt de Sidi-Madani. Les visiteurs des Gorges qui veulent faire une promenade à pied peuvent indifféremment descendre à Sidi-Madani et reprendre leur wagon au Camp-des-Chênes pour rentrer à Blidah ; où aller jusqu'au Camp-des-Chênes, descendre les Gorges et remonter en chemin de fer à Sidi-Madani. L'arrivée sur la Mitidja est admirable ;

Viaduc des Portes-de-Fer de la Chiffa.

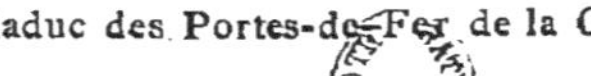

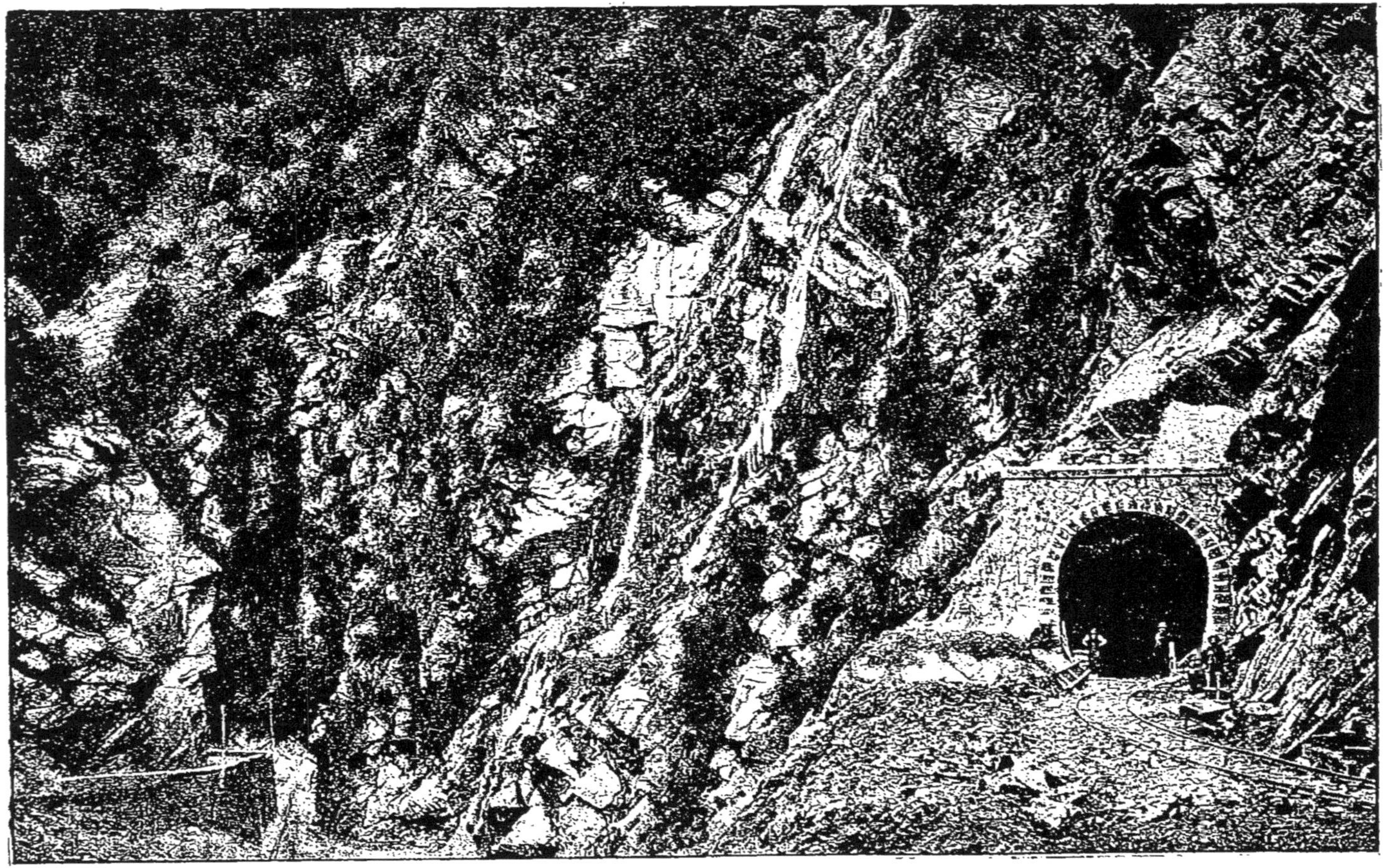

Tunnel des Cascades (Gorges de la Chiffa).

après les sites grandioses des Gorges, on a sous les yeux la plus fertile et la plus douce des plaines.

La Compagnie de l'Ouest-Algérien met à la disposition des voyageurs un wagon-salon de famille, très heureusement combiné, qu'on peut louer en entier.

---

La ligne arrive au *Pont-Randon* reconstruit, et sur lequel la route et le chemin de fer passent côte à côte; puis, à deux kilomètres, évitant les pentes trop raides du sud, s'infléchit vers l'Ouest et suit la vallée de la Mouzaïa, célèbre dans les annales de notre armée d'Afrique.

Les travaux ont été difficiles dans cette partie de la ligne : murs de soutènement, cinq traversées de la rivière, drains nombreux et profonds pour consolider les terrains. L'art de l'ingénieur, en ce qu'il a de plus délicat, a trouvé son application dans ce long parcours. Sur certains points, d'immenses éboulements se sont produits ; celui de la fontaine Myrrha est énorme. Un peu plus loin, du plateau de Mouzaïa, on peut contempler ce que l'on appelle la mer d'argile, partie de la vallée sans végétation, avec des ondulations qui justifient cette énergique figure.

En résumé, c'est un pays étrange, avec des coins charmants, d'une fraîcheur délicieuse.

Le *Pic de la Mouzaïa* domine tout le massif environnant (1,600 mètres d'altitude). L'ascension, de sept kilomètres, se fait en un peu plus d'une heure et demie. Un lac important attire de trop rares visiteurs dans la montagne.

A 30 kilomètres de Blidah le train s'arrête à la

station de **Mouzaïa-les-Mines**, le *Velisci* des Romains, située à l'extrémité d'un plateau dominant la vallée.

Tout près est une *source minérale*, dont l'eau alcaline gazeuse peut remplacer l'eau de Saint-Galmier.

Porte-de-Fer de la Mouzaïa.

Sa température est de 18°, et elle produit plus de 4,000 litres d'eau par jour.

Non loin de là, le visiteur rencontre le cimetière où reposent les héros tombés aux combats de Mouzaïa et que l'on salue respectueusement. La végétation est très belle en ce point, et la vue se promène par un mélancolique contraste, sur les masses d'argile dénudées du Taghersit.

De l'autre côté du plateau, on rencontre les ruines de l'ancien établissement métallurgique de Mouzaïa, fondé en 1842 : des restes des fours qui ont servi à la fusion des minerais, une roue hydraulique, une soufflerie, des appareils de lavage et de triage, etc. Les installations industrielles de Mouzaïa se rélèveront-elles à l'aide des facilités de transport résul-

Vue de Mouzaïa-les-Mines.

tant de l'établissement de la nouvelle ligne? Les richesses minières constatées dans le massif voisin seront-elles exploitées? C'est, encore là, le secret de l'avenir.

L'ancienne cité ouvrière forme au centre du plateau un grand quadrilatère, percé de rares ouvertures extérieures ; une cour énorme est plantée de beaux platanes. Un des bâtiments fut habité par les princes d'Orléans.

Le pays doit son nom à la tribu des Mouzaïa qui descend d'une immigration venue au XII^e siècle du

Rif marocain. Leur ascendant dans toute la région provient d'une légende qui n'est pas sans quelque analogie avec celle des bottes de sept lieues du Petit Poucet. Ils allaient succomber sous les attaques de leurs voisins ; lorsqu'apparut, venant du Maroc, un grand vieillard à barbe blanche qui enjambait les vallées, posant les pieds sur les crêtes des montagnes. C'était l'homme à la Hache (*Bou-Chakour*).

Mohammed-bou-Chakour assembla tous les gens de la contrée et conduisit les Mouzaïa au milieu d'eux. Sa voix apaisa toutes les haines. Pour récompenser ceux qui venaient de fraterniser avec les Mouzaïa, Bou-Chakour fendit le rocher d'un coup de hache ; l'eau jaillit en abondance et la Mitidja fut fertilisée. C'est ainsi que naquit l'*oued Chefa* (la rivière de la guérison, dont l'eau cicatrise les blessures).

Les premiers combats qui eurent lieu à Mouzaïa furent livrés à la fin de novembre 1830 contre le bey de Tittery ; le jeune lieutenant Mac-Mahon fut le premier français qui eut l'honneur d'atteindre le col. D'autres combats s'y livrèrent pendant les années suivantes ; mais le plus important fut celui du mois de mai 1840, où l'armée française eut à livrer bataille aux troupes régulières d'Abd-el-Kader. Notre armée comptait dans ses rangs le maréchal Vallée, le duc d'Orléans, le duc d'Aumale, le général Duvivier, les colonels de Lamoricière, Bedeau, Changarnier, etc. L'émir occupait avec ses troupes le col de Fer et le plateau appelé depuis cette époque « Plateau des réguliers », situé à quelques centaines de mètres de la station, vers l'Ouest ; il occupait aussi le bois des oliviers, à l'emplacement même de la station et, enfin, il avait fait construire sur le sommet d'un pic voisin, le Djebel-Eufous et sur les flancs de la montagne des redoutes qui rendaient la position formidable. Il dut néanmoins se retirer devant la valeur de nos troupes qui, le 17 mai, occupèrent Médéa.

De Mouzaïa, la ligne court parmi les argiles de couleur bleu-verdâtre, longe le Nador, la montagne qui domine Médéa. La voie s'élève par un gigantesque lacet, s'engouffre sous un tunnel et enfin s'infléchit du Sud-Ouest pour atteindre **Lodi** (45 kilomètres).

Lodi est une colonie agricole très pittoresquement située au pied du piton de *Dakla* (1,062 mètres).

L'ascension de ce piton, de six kilomètres, est une affaire d'une heure et demie pour le touriste. Cette ascension est une des plus intéressantes de l'Algérie, en ce qu'elle offre un panorama inoubliable, formé par une succession de montagnes dont les plans finissent par s'estomper dans le lointain avec toutes les nuances de l'opale. De ce piton on aperçoit le Sahel, la Méditerranée à travers la brèche de la Chiffa, les montagnes des Béni-Salah, le Djurjura, les montagnes des Aouaras et, dans le lointain, vers le Sud, celles de Boghar et des Ouled-Naïls, l'Ouarensenis ou l'Œil-du-Monde, le Zaccar ou montagne de Milianah et le Gontas, le Chenoua au pied duquel est bâtie la ville de Cherchell et, enfin, le Mouzaïa. C'est certainement l'un des plus beaux panoramas de l'Afrique septentrionale.

Lodi est un village qui paraît appelé à un grand développement, en raison de l'abondance des eaux et de la fertilité du sol qui l'environne. La culture de la vigne s'y développe d'une façon particulière.

Après avoir quitté Lodi, la ligne contourne une vaste conque en forme d'amphithéâtre, couverte de vergers et de maisons arabes; on entre déjà dans la région si fertile de Médéa, que l'on aperçoit à l'horizon depuis la sortie de la station de Lodi. Le pays a l'aspect des campagnes françaises; on y rencontre presque tous les arbres de France; et les ormeaux, les peupliers, les noisetiers, les marronniers, ainsi que tous les arbres fruitiers, poussent à merveille dans la

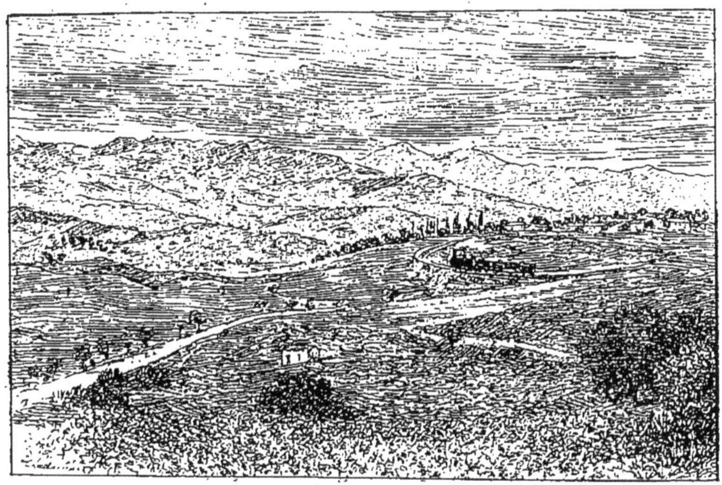

Vue de Lodi.

région Médéenne. Le climat est, d'ailleurs, semblable à celui du Midi de la France.

**Médéa** est à 49 kilomètres de Blidah et à 90 kilomètres d'Alger; en arabe, c'est *Lemdïa*, dont les premiers Français, les troupiers sans doute, ont peut-être pris la première syllabe pour un article, ne laissant subsister que *mdïa*, qui serait devenu Médéa. Dans tous les remaniements de substructions occasionnés par les constructions nouvelles, on a trouvé les vestiges de la ville romaine sur l'emplacement de

Vue de Médéa, du côté des Moulins.

laquelle Médéa a été construit. C'était, selon Mac-Carthy, l'antique *Mediae* ou *ad Medias*, station romaine, ainsi nommée parce qu'elle était à égale distance de *Tirinadi* (*Berrouaghia*) et le *Sufasar* (*Amoura*).

Médéa est une sous-préfecture qui ne compte pas moins de 15,000 habitants. C'est aussi le chef-lieu de la 4e subdivision militaire.

Maison habitée par Abd-el-Kader, près de Médéa.

La ville est située sur un plateau incliné dont le point le plus élevé atteint l'altitude de 921 mètres. A cette hauteur, où la neige pèse souvent lourdement sur les maisons, celles-ci ne sont plus à terrasses : mais couvertes en tuiles comme celles du midi de la France. La vigne et les céréales y sont cultivées avec succès. « Médéa, a dit Si Ahmed-ben-Joussef, est la ville de l'abondance. Si la famine y entrait un matin, elle en sortirait le soir ».

La ville arabe a à peu près disparu sous les constructions européennes.

Nos troupes visitèrent Médéa pour la première

fois après le glorieux combat du col de Mouzaïa, qui eut lieu le 17 novembre 1830 ; la ville évacuée par le bey qu'on y avait placé en 1836, fut définitivement occupée par nous, après un autre combat qui eut lieu au col de Mouzaïa, le 17 mai 1840.

C'est aujourd'hui un des points les plus florissants

Médéa.

de l'Algérie ; la culture de la vigne a pris dans toute cette région un développement très grand. Les vins blancs de Médéa sont justement renommés et peuvent figurer sur les meilleures tables. Les vins rouges sont aussi très bons. De Lodi à Hassen-ben-Ali, que nous trouverons plus loin, tout le flanc de la montagne est couvert de ceps. La production est moins abondante que pour les vins de plaine, mais la qualité est bien supérieure : la préparation, les caves sont bonnes.

Au sortir de Médéa, à 3 kilomètres, la ligne atteint **Damiette,** entouré de riches cultures, et **Hassen-ben-Ali.** Les vins rouges de ce dernier village (59 kilomètres de Blidah) sont particulièrement estimés.

La Ferme-Ecole. — Le Caravansérail, à Ben-Chicao.

La ligne s'élève rapidement, contournant les mamelons pour trouver des pentes moins raides et atteint **Ben-Chicao** (71 kilomètres), siège d'une commune mixte de 20,000 habitants.

Les Arabes de cette région sont intéressants; ils circulent graves et lents dans ces pays si mouvementés et font songer aux belles figures dessinées par

Bida pour la Bible. L'Assistance publique de la Seine a fondé à Ben-Chicao une Ferme-École.

Le 18 mars 1887, l'abbé Roudil, ancien aumônier militaire, officier de la Légion d'honneur, fit don à l'Assistance publique de la Seine de 1,507 hectares de terre à Ben-Chicao, à cette condition que ces terres seraient cultivées par les enfants assistés. La Seine possédant déjà en Algérie 3,260 hectares; le Conseil général décida la création de la Ferme-Ecole.

Dès le second semestre de 1888 on fit défricher 70 hectares et on y envoya quelques enfants sous la direction de M. Raynaud, capitaine en retraite, ami de l'abbé Roudil, et qui lui avait suggéré de faire le don en question.

En 1889 on planta des vignes sur les terrains défrichés.

A cette époque M. Paul Raveau, maire de Saulgé (Vienne), homme de compétence toute spéciale, fut envoyé à Ben-Chicao par le directeur de l'Assistance publique de la Seine. Sur sa proposition, le Conseil général fit faire l'acquisition du caravansérail de Ben-Chicao qui, grâce à quelques constructions et des aménagements, put recevoir 20 enfants assistés. M Paul Raveau fut nommé directeur, et le capitaine Rey, homme d'une rare aptitude, fut l'économe de l'École.

Les plantations furent développées. On récolta, dès 1890, environ 3,000 quintaux de fourrages; et les étables furent peuplées d'animaux de labour et de ferme de belles races.

Ben-Chicao ayant des altitudes variant de 800 à 1100 mètres, se prête aux cultures les plus variées. La vigne, l'olivier, les arbres fruitiers, les amandiers, les pistachiers, les céréales et les fourrages y réussissent également. L'eau y est abondante.

Le climat de Ben-Chicao est d'une salubrité exceptionnelle. Il est comparable à celui des meilleures contrées de la France.

Le chemin de fer traverse le domaine sur plus de quatre kilomètres. La gare est à 1,200 mètres de l'Ecole (à 71 kilomètres de Blidah).

Montagne des Aouaras.

La Ferme-Ecole doit recevoir 300 élèves; ses caves pourront contenir 6,000 hectolitres de vin; les écuries sont spacieuses. L'Ecole renfermera des ateliers de menuiserie, de charronnage, de serrurerie et de charpenterie, permettant aux élèves de réparer eux-mêmes le matériel et les immeubles.

Les élèves qui en seront jugés dignes au sortir de l'Ecole, recevront, dans des conditions déterminées, une concession de vingt hectares et la somme nécessaire pour mettre ces terres en exploitation. Après cinq années d'exploitation, le concessionnaire deviendra propriétaire, moyennant le paiement de faibles annuités. Ce seront donc autant de colons, instruits et capables.

---

De Ben-Chicao à Berrouaghia la ligne atteint son point culminant, traverse un pays pittoresque et varié, qui intéressera vivement le touriste. Un souterrain de 530 mètres lui permet de passer dans l'étroite vallée de l'oued Chitane; les ouvrages d'art y sont nombreux et importants.

Le terminus actuel de la ligne se trouve à la station de **Berrouaghia.** La Compagnie de l'Ouest-Algérien est concessionnaire, mais à titre éventuel seulement, du prolongement sur Boghar.

Berrouaghia, à 83 kilomètres de Blidah, et à 134 kilomètres d'Alger, est chef-lieu de canton et chef-lieu d'une commune de plein exercice de 14,000 hectares et de 2,000 habitants, dont 900 au centre; et d'une commune mixte de 16,000 hectares et de 33,500 âmes. Un des anciens beys de Titéri y avait fait construire une jumenterie transformée en maison de commandement.

Berrouaghia (prononcer *Berroua'ria*), d'après des inscriptions découvertes dans les ruines romaines qui se trouvent à gauche de la route, s'élèverait sur l'emplacement de l'antique station *Tanaramusa Castra*, marquée sur l'itinéraire d'Antonin.

Il y a à Berrouaghia une Justice de paix à compétence étendue, un bureau des postes et télégraphes et une recette des contributions diverses.

Berrouaghia se développe et paraît destiné à un grand avenir. Les terres y sont de premier choix, bien cultivées et, pour la plupart, plantées en vignes. Il possède une nombreuse et curieuse colonie Juive, retirée dans une sorte de ghetto placé au milieu du village.

A deux kilomètres du bourg se trouve un **Pénitencier Agricole** qui renferme environ 1,000 détenus,

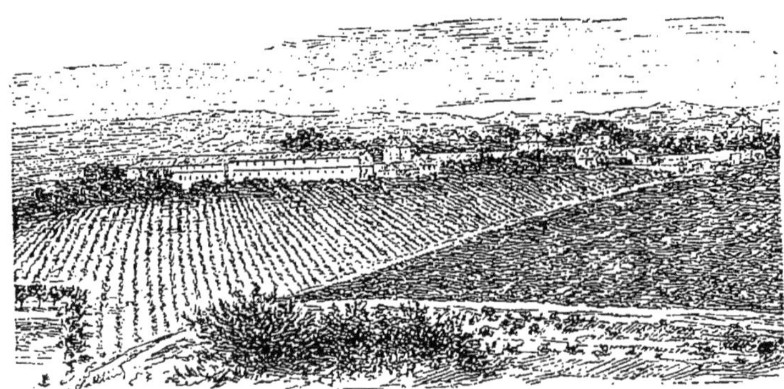

Berrouaghia. — La vigne du Pénitencier.

sous la surveillance de 70 gardiens, 4 brigadiers, 1 gardien-chef, 1 économe, 1 inspecteur et 1 directeur. Ce pénitencier est établi dans l'ancien poste de spahis, créé immédiatement après la conquête et installé lui-même dans la jumenterie que possédait l'émir Abd-el-Kader. Le Directeur actuel, M. Bastien, a apporté de grandes améliorations au Pénitencier, auquel il a fait subir une transformation presque complète.

Plus à l'Est, à 3 k., source sulfureuse très abondante.

La voie ferrée arrivera dans un an à Berrouaghia; mais la construction du prolongement sur Boghar n'étant décidée qu'en principe, c'est dans le premier de ces centres que le voyageur, désireux de visiter le Sud de la province d'Alger devra prendre une voiture ou la diligence.

Parti de Blidah, à l'altitude de 210 mètres au dessus du niveau de la mer, il se sera élevé rapidement au plateau de Mouzaïa à 542 mètres; il aura franchi 940 mètres à Médéa, 1,165 mètres au point culminant non loin de Ben-Chicao, pour redescendre à la cote à Berrouaghia. Il touchera 615 mètres à Boghar, pour se relever à 750 mètres à Laghouat.

Il aura vu la Mitidja, les gorges de la Chiffa, les énormes massifs montagneux verdoyants et cultivés de Médéa, le pays riche mais plus âpre de Ben-Chicao, la riante contrée de Berrouaghia; il touchera le Sud à Boghar, puis la plaine immense, coupée de rares ondulations; Djelfa, et enfin Laghouat.

---

Au sortir de Berrouaghia, il suit une route intéressante et pittoresque. De quelques points, on jouit d'une vue merveilleuse sur une série de chaînes de montagnes dont les teintes diverses retiennent longtemps le regard. On tombe ensuite dans une longue dune de sable plantée de pins; la route se dirige sur Boghar, situé sur une hauteur, et que l'on aperçoit dans le lointain, deux longues heures avant de l'atteindre. Si le voyage est fait le soir, les lumières de Boghar apparaissent comme des points brillants reculant sans cesse devant le voyageur désireux d'arriver.

Sous le nom général de Boghar, on comprend un groupe de trois localités : **Boghari** ou **Boughrari** qui est sur la route du Sud ; le **Ksar de Boghari**, voisin de cette localité, et **Boghar** qui est à trois kilomètres, sur la hauteur.

Boghari est une commune de plein exercice, de près de 2,500 h. et le chef-lieu d'une commune mixte de près de 23,000 h.

Le Ksar est beaucoup moins important : il compte cependant plusieurs centaines d'habitants et, tous les lundis, il s'y tient un marché très important.

Boghari est le centre commercial du groupe : le Ksar est le centre des relations sahariennes et Boghar en est le centre militaire et administratif.

Boghar est protégé par une belle redoute bâtie sur un sol en déclivité, à 970 mètres d'altitude. Cette redoute domine aussi bien le Tell du côté du Nord, que les steppes qui s'étendent au Sud à perte de vue. De là on peut surveiller les mouvements des tribus nomades. C'est un poste d'observation merveilleux, placé au point où le Chélif (dont les tribus sahariennes qui viennent dans le Tell suivent le cours) pénètre dans la montagne. Le Chélif a un cours de 400 kilomètres et se jette à la mer près de Mostaganem.

La redoute est le centre d'un cercle qui relève de la 4e subdivision militaire de Médéa. Elle renferme la maison du commandant supérieur, le pavillon des officiers, une caserne, une manutention, un hôpital et divers autres établissements militaires. Le Bureau arabe et la Pépinière sont situés hors de l'enceinte.

Les *Ouled-Anteur* sur le territoire desquels se

trouve situé Boghar, prétendent qu'ils sont, ni plus ni moins, que les descendants d'Antar, le héros d'un des plus beaux poèmes arabes, *le Chevalier musulman*. Et, pour appuyer cette prétention, ils modifient le récit du poète, en appliquant les prouesses de son héros aux localités de leur territoire. C'est là une manie trop douce et trop inoffensive pour y contredire.

Le Ksar de Boghari ne ressemble en rien aux localités du Tell sur la lisière duquel il se trouve. Il est de pure construction saharienne. Village fortifié, comme tous les ksours du Sud, il est juché sur un mamelon aride. Sa fondation ne remonte qu'à 1829. A cette époque, des marchands de Laghouat s'établirent sur ce point et, comme l'un d'eux appartenait à la famille de Sidi-el-Boughrari, on donna au nouveau village le nom de ce saint patron.

Si le Ksar a l'aspect d'un village saharien, il en a aussi la physionomie. Ce sont les mœurs des villages du Sud dans tout leur épanouissement. Tout dort le jour : mais, la nuit venue, tout renaît, tout grouille, tout chante dans ses rues étroites. Les Ouled-Naïls, phalènes du Sud, exhibent alors des grâces contestables, et se font coller des pièces de monnaie sur le front par les admirateurs de leurs danses extravagantes. Cette vie bruyante se prolonge bien avant dans la nuit. On a tant dormi et tant flané tout le jour, qu'il est bien explicable qu'on se donne un peu de mouvement lorsque la fraîcheur est venue.

Quand on a quitté Boghari, dit Fromentin dans son *Eté dans le Sahara*, la plaine inégale et caillouteuse, coupée de monticules et ravinée par le Chélif, est à coup sûr un des pays les plus surprenants qu'on puisse voir. Imaginez un pays tout de terre et de pierres vives, battu par des vents arides et brûlé jusqu'aux entrailles; une terre marneuse, polie comme de la terre à poterie, presque luisante à l'œil, tant elle est nue, et qui semble avoir subi l'action du feu; sans la moindre trace de culture, sans une herbe, sans un chardon... D'ailleurs, ni l'été, ni l'hiver, ni le soleil, ni

Laboureur des Ouled-Anteur.

la rosée, ni les pluies, qui font verdir le sol sablonneux du désert, ne peuvent rien sur une terre pareille...

La page est belle, un peu exagérée, comme il convient à l'œuvre d'un peintre-poète. Si l'eau venait arroser cette terre, elle deviendrait sans doute féconde.

Le lit du Chélif est tracé dans ce sol, mais l'eau est absente; et ce n'est que lorsque le fleuve se rapproche du grand massif de l'Atlas qu'elle arrive en masses suffisantes pour atteindre la mer avant d'être bue par l'écrasante chaleur de cette longue vallée où se trouve Orléansville.

De Boghari à Laghouat, la route n'est le plus souvent qu'une piste changeante, mais la pluie est rare dans cette région et somme toutes, les communications sont constantes et régulières. On trouve les caravansérails de **Bou-Rézoul** (136 kil.), **Krachem** (140 kil.), **Aïn-Ous-era** (175 kil.), **Bou-Sédraïa** (188 kil.), **Guelt-es-Stel** (210 kil., altitude, 920 mètres), **El-Messéran**, café-poste (237 kil.) et, enfin, à 250 kil. le **Rocher-de-Sel**, caravansérail-auberge. C'est un défilé de boue argilo-gypseux et de sel gemme. Le sel, exploitable à ciel ouvert, y forme des talus escarpés hauts de 20 à 30 mètres. Les sources qui émergent de ce défilé sont très riches en sel.

A 265 kil., se trouvent de nombreux monuments mégalithiques.

**Djelfa** est à 277 kil., et à l'altitude de 1,167 mètres. Très chaud en été, très froid en hiver. Ville arabe de près de 2,000 habitants. Chef-lieu d'une commune indigène de près de 50,000 habitants. Les marchés du vendredi et du samedi sont très importants. On y récolte des fruits excellents, et tous les arbres d'Europe y prospèrent.

Le bordj, bâti en quarante jours en 1852, est habité par le Bach-Agha des *Ouled-Naïls*, dont Djelfa est le centre. Il est logé à côté du Bureau arabe. En résumé, ce bordj est tout à la fois maison du commandant, centre arabe, caravansérail et forteresse.

Les Ouled-Naïls, dont les femmes ont la réputation que l'on sait, occupent un immense territoire qui va jusqu'à Bou-Sada et aux Ziban dans la province de Constantine (à l'Est) et jusqu'aux lacs de Zahrez et au Djebel-Amour (à l'Ouest). Ce sont des pasteurs.

Femme des Ouled-Naïls.

Leurs femmes travaillent la laine et leurs filles vont chercher leur dot en se prostituant dans les ksours et dans les villes.

L'halfa est très abondant dans les environs de Djelfa, et d'une belle qualité. Les difficultés de transport en arrêtent l'exploitation, qui se développerait certainement si la voie ferrée parvenait jusque-là.

Après Djelfa on rencontre les caravansérails de l'**Oued-Sédour** (300 kil.), d'**Aïn-el-Jbel** (315 kil.), de **Mokta-el-Oust** (340 kil.), de **Sidi-Makloud** (350 kil.), pays d'halfa, de **Métlili** (385 kil.), où l'on entre dans une région de belle culture.

Après beaucoup de fatigue, beaucoup de poussière, le voyageur arrive enfin à Laghouat où il pourra se reposer et étudier les mœurs du Sud.

**Laghouat** est à environ 390 kil. de Blidah. C'est une grande et belle ville arabe de 5 à 6,000 h., chef-lieu d'une commune indigène de 13 à 14,000 h. Elle a cela de particulier qu'elle est bâtie sur deux monticules en deux amphithéâtres, se faisant face.

Les jardins de palmiers et les vergers, arrosés au moyen d'un barrage, occupent plus de 200 hectares.

Le siège de Laghouat par le général Pélissier (1852) est resté célèbre dans les annales de notre armée d'Afrique. Depuis que nous l'occupons, la ville a totalement changé d'aspect. Les rues ont été régularisées et, somme toute, elle a bonne apparence.

Comme dans toutes les villes de l'extrême Sud, les indigènes de Laghouat veillent la nuit et dorment le jour.

Le barrage de l'oued Mzi a permis de mettre en culture près de 1,000 hectares, précédemment incultes.

De Laghouat partent de nombreuses routes allant au Sahara. Vers le Sud, dans la direction du Mzab et d'Ouargla, à l'Est, dans celle de Biskra et des Ouled-Naïls; à l'Ouest, dans celle de Géryville et des Ouled-Sidi-Cheick.

Il n'y a donc pas, au point de vue du commerce saharien (dattes, tissus de laine, plumes d'autruche, etc.), de ville mieux placée que Laghouat.

L'Etat fait en ce moment des dépenses considérables pour prolonger jusqu'à Laghouat la route existant jusqu'à Boghari. Certaines parties sont déja construites.

On peut se demander si ces dépenses sont utilement employées. On ne saurait contester l'importance de ce poste avancé du sud algérien : mais, plus cette importance est reconnue, plus il convient de créer une voie ferrée. Doit-on attendre que la route soit construite pour créer le chemin de fer qui la rendra presqu'inutile? L'exploitation des voies ferrées se fait aujourd'hui avec une parfaite régularité. Y aurait-il interruption accidentelle, que pendant la courte durée de l'accident, les moyens de communication actuels, c'est-à-dire la piste, suffiraient. Faisons donc le vœu que les fonds destinés à la route soient employés pour la ligne de fer.

Notre note sur Laghouat serait incomplète si nous ne parlions pas de son importance stratégique.

Sans condamner les aspirations qui nous poussent vers le centre de l'Afrique, on peut penser qu'il convient tout d'abord de développer le pays que nous possédons et où l'européen vit facilement. Le premier moyen est d'assurer son entière sécurité.

Le Sud Algérien renferme beaucoup de tribus no-

La place du Marché, à Laghouat.

BIBLIOTH. NATIONALE R.F.

mades, ignorantes, facilement excitables par l'appât du pillage et qu'il faut surveiller.

Laghouat, placé à égale distance des frontières orientale et occidentale de l'Algérie, est tout naturellement indiqué pour cette surveillance. Biskra est trop à l'Est; Méchéria et Aïn-Sefra trop à l'Ouest, trop près de la frontière Marocaine.

Les Méharis.

L'autorité militaire l'a bien compris. Laghouat est le siège d'une colonne militaire fixe, disponible à tout instant, de 15 à 1,800 hommes. Il a été préféré à tous autres comme point de rayonnement pour la création et le siège du corps nouveau des *Méharistes*, troupe montée sur des chameaux de course, capables de gagner de vitesse les Touaregs et les Camba et tous les écumeurs du Sahara.

Placé sur le méridien d'Alger, qui est et sera toujours le centre militaire et administratif de notre grande colonie africaine, il importe pour la bonne et efficace surveillance du sud qu'il soit relié par voie ferrée à ce centre.

La seule idée que l'on pourra expédier en quelques heures du centre militaire, des troupes et les ravitaillements dont Laghouat aurait besoin, sans exposer les soldats aux marches longues et pénibles des colonnes d'expédition, est suffisante pour frapper de crainte les tribus sahariennes.

Caravane dans le Désert, vers Laghouat.

Et, somme toute, lorsqu'on aura bien pesé les économies de création et d'entretien de la route qui ne serait plus à construire, la réduction des frais de transports militaires, le développement commercial qui résulterait de la création du chemin de fer, notamment pour les transports de moutons, d'halfa, etc., on verra qu'il y a là une dépense productive à faire.

Quant à croire que la coûteuse section de Blidah à Berrouaghia restera isolée, et par suite stérilisée, nous nous refusons à l'admettre. La pensée qui a présidé à sa concession était juste : la ligne à voie étroite d'Alger à Laghouat, doit desservir les riches villages de la côte Ouest d'Alger, et franchissant l'Atlas, porter nos forces et notre surveillance sur le point central de l'Extrême-Sud algérien.

BIBLIOTHÈQUE NATIONALE R.F. IMPRIMÉS

# TABLE DES MATIÈRES



BIBLIOTHÈQUE NATIONALE B.F. ARCHIVES

# TABLE DES GRAVURES

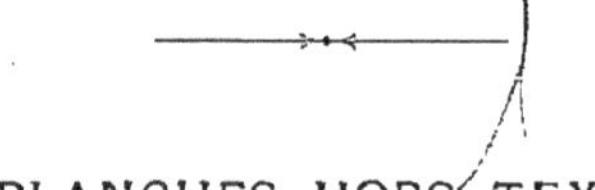

## PLANCHES HORS TEXTE

EN COULEUR :



EN NOIR :

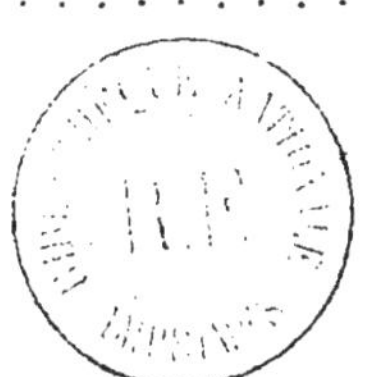

## ILLUSTRATIONS DANS LE TEXTE

IMPRIMÉ

Sur les presses de J. Montorier

16, Passage des Petites-Écuries

PARIS